共販組織と
ボトムアップ型
産地技術
マネジメント

林　芙俊 著

筑波書房

目　次

序　章　………………………………………………………………… *1*

　1．本書の目的　………………………………………………… *1*

　2．既往研究との関係　………………………………………… *3*

　3．本書の問題意識と特徴　…………………………………… *4*

　4．分析対象と本書の構成　…………………………………… *11*

第1章　ボトムアップ型産地技術マネジメントの概念について　……… *13*

　1．イノベーション・システムと産地技術マネジメントの関係　……… *13*

　2．産地イノベーション・システム概念と産地技術マネジメントについ

　　て　……………………………………………………………… *15*

　3．ボトムアップの分析枠組みとしての共同利用施設説　………… *37*

　4．産地技術マネジメントとその評価方法　………………… *64*

　5．小括　………………………………………………………… *69*

第2章　ミカン農業における共販組織の展開　……………………… *71*

　1．本章の課題　………………………………………………… *71*

　2．ミカン共販組織の展開過程　……………………………… *71*

　3．専門農協に対する評価　…………………………………… *84*

　4．小括　………………………………………………………… *86*

iii

第3章　地縁的組織化に依存する産地技術マネジメントの意義と限界……89

1．本章の課題 …………………………………………………… 89

2．共販体制の特徴と農家階層構成 ……………………………… 89

3．地縁的組織化と革新的農家の動向 …………………………… 93

4．真穴地区における産地技術マネジメントの特徴 ………… 106

5．小括 …………………………………………………………… 108

第4章　産地技術マネジメントにおける技術対応組織の有効性 ………… 111

1．本章の課題 …………………………………………………… 111

2．地域農業の特徴と産地の歴史 ……………………………… 112

3．共販運営と部会における組織活動 ………………………… 115

4．事例農家の概要と組織活動への参加状況 ………………… 124

5．共販組織活動と支部組織の役割 …………………………… 130

6．熊本市農協柑橘部会における産地技術マネジメントの特徴 …… 136

7．小括 …………………………………………………………… 140

第5章　規模階層二極化のもとでの産地技術マネジメント ……………… 143

1．はじめに ……………………………………………………… 143

2．三ヶ日地区におけるミカン生産と共販の展開 …………… 144

3．三ヶ日地区の産地戦略と産地技術マネジメント ………… 149

4．出荷組合による統制と支部運営 …………………………… 157

5．事例農家における品種更新と出荷統制への対応 ………… 162

6．三ヶ日町農協における産地技術マネジメントの特徴 …………… 170

7．小括 …………………………………………………………… 178

目次

終章　総合的考察 ……………………………………………… *181*
　　1．各事例の特徴と産地技術マネジメント ……………………… *181*
　　2．ボトムアップ型産地技術マネジメントと共同利用施設説……… *186*
　　3．イノベーションの促進と共販体制の再編への展望 …………… *188*
　　4．総合農協におけるボトムアップの実現にむけた展望 ………… *191*

引用文献一覧 …………………………………………………… *201*

あとがき ………………………………………………………… *205*

v

序章

1．本書の目的

　現代の青果物産地の多くは、成熟した競争構造や産地内部の生産者の高齢化等により再編をせまられている。本書は、タイトルにある「産地技術マネジメント」という言葉が示すように、産地再編の技術的局面に焦点を当てたものである。技術的対応は産地再編の全てではないが、その中核となる課題である。

　佐藤・納口（2016）は産地再編の要素として、市場対応・販売組織、技術革新対応、担い手経営の3つをあげ、それらが形成する産地内部の構造と機能を組み替えることを産地再編と捉えている[1]。ここでの市場対応として、品質・銘柄、希少性・品揃え・ロット、時間等が例示されているが、これらの点を改善するために技術的対応が必要不可欠であることは言うまでもない。

　産地が技術的対応をおこなうといっても、実際に生産を担う農業経営は個々に独立した存在であるから、特定の生産技術を導入するかしないか、導入するにしてもいつどのような形で導入するかは、それぞれの経営が決定することである。有力な産地の中には時として、この点に関して農協や部会組織がかなりの指導力を発揮するケースもみられるが、そうした産地は多数派ではないし、そもそもなぜそのような指導力を発揮しうるかという点も明確でない。

　一般的には、農協の営農指導や普及機関などにより技術を普及することで生産物の差別化を実現し、その結果もたらされる有利販売などが技術導入を

（1）佐藤・納口（2016）p.7。

さらに促進することが想定される。実際にこの方向に沿って産地再編が進めば理想的であり、成功した産地再編を事例として分析すれば、この論理が実際に作用していることを示す状況証拠は数多く観察できるであろう。

しかし、この論理はいわば単線的技術普及観であり、指導機関から個別経営への技術普及過程を単純かつ一方的に捉え過ぎていて、再編の道半ばにある産地に対して示す道標としては十分とはいえない。例えば、技術が普及しないから生産物を差別化できず、差別化できないから技術の普及に弾みがつかないという事態を打開する手段はこの単線的技術普及観の内に見出すことは出来ない。また、本当にこの技術普及観のみにもとづいて産地における技術的対応を推し進めようとするならば、その技術的方針について行けない経営、あるいは飽き足らず独自の方向を目指す経営が多く生じることが懸念される。

この普及観に欠けているのは、産地の内にある個々の農業経営の主体的な取り組みであり、それが地縁的なまとまりのもとに発揮する機能であり、それらの総体としての共販組織の役割である。

本書で共販組織という場合、農協の作目別部会を想定しており、それは本書が事例分析の対象とした地域では、「共選」あるいは「出荷組合」と呼ばれることもある。これらを部会組織ではなくあえて共販組織と呼ぶのは、任意出荷組合やそれが法人化したような販売組織にも本書の研究結果が適用できると考えたためである。

従来の産地論には、産地再編の司令塔の機能を果たす主体として農協、部会組織、農業経営者の中のリーダー層などを同列に併記するものが見られ、それらを同一視する場合も多かった[2]。

これに対して本書では、「産地技術マネジメント」の主体として共販組織（農協のもとに産地化している場合は作目別部会）が主要な役割を果たし得ると考え、それを検証する。単線的技術普及観の最大の特徴は生産者を受動的な

（2）佐藤・納口（2016）p.304や小田・坂本ほか（2015）p.14など。

存在と捉えていることであるから、このような普及観を脱するには生産者の主体的な取り組みを想定する必要がある。生産者の主体的な取り組みがもっとも観察されるのは共販組織の内部であろう、というのがこうした仮説を設定する理由である。そのためには、農協と共販組織を明確に区別する必要がある。

単線的技術普及観における受け身の対応ではなく、共販組織が能動的に技術対応を行わなければ、産地における技術を効果的にマネジメントすることは望めない。

こうした問題意識のもとで、共販組織が個々の農業経営の技術のあり方をマネジメントすることは可能なのか、可能であるとすればそれはどのような方法によるのか、という問いに答えるのが本書の目的である。

2．既往研究との関係

本書のテーマともっとも関係が深い研究分野は、いわゆる「産地論」であろう。この分野は最近では、「同種学術分野での専門家・細分化・多様化の進展ともあいまって、学術的テーマとしての「産地論」は相対的に縮小してきた」[3]と指摘されているが、時代を遡ってみれば相当な研究の蓄積がある分野である。

そうしたなかで、本書と関わりの深いものをあげれば、産地形成や再編における農協の指導的役割を重視するもの（太田原 1992）、技術革新の面から産地間競争の構造を説明したもの（斎藤 1986）、規模や専兼などの面での構成員の異質化が共販組織に及ぼす影響を論じたもの（宇佐美 1975）、共販組織に対する農家の主体的参画を論じているもの（西井 2006）、部会組織における生産者の自主的な技術対応の取り組みを分析したもの（棚谷ほか 2015a、棚谷ほか 2015b）などがある。

（3）小田・坂本ほか（2015）p.3。

しかし、産地の技術対応に関する問題を主な論点としていること、その問題に部会組織がどのように関わっているのかを分析していること、その際に農家の主体性を重視していること、この3つを備えた研究は少ない。

　そこで、産地論と関係の深い分野にまで視野を広げると、本書の研究の枠組みを設定するために有用な研究成果をいくつか見出せる。

　1つは技術マネジメントの概念と関係する分野として、イノベーションとその普及に関する研究がある。とくに、高橋（1973）が研究対象とした問題は本書と重なる部分が大きい。高橋（1973）は、農業におけるイノベーションを問題とし、「中間組織」がその主要な主体となり得ることを述べ、それを土地利用型農業や園芸産地の事例を通して実証したものである。本書が注目する産地における技術対応はイノベーションの全体ではないが、その主要な要素である。そこで、イノベーションの全体像を明確にし、そのなかで産地技術マネジメントやそれを担う主体の位置づけを明らかにする。

　もう1つは、共販組織の性格規定とそこでのボトムアップがどのようなものかに関わる分野として、農協論がある。本書では、これらの分野の研究を参照しながらボトムアップ型産地技術マネジメントの概念を設定し、分析をおこなうこととする。

3．本書の問題意識と特徴

　本書では、「ボトムアップ型産地技術マネジメント」の具体的内容について、いくつかの関連分野から概念を援用して明確化を図っているが、その内容はこれまでの農業経済学の議論とは大きく論調が異なるものとなった。そうした研究の枠組みについて、筆者の主観も含む問題意識を説明しておくことが理解の助けになるであろう。既存研究を踏まえた研究の枠組みの説明は次章でおこなうこととし、ここでは筆者が本書を構想した背景となる問題意識について述べておきたい。

　まずイノベーション研究については、農業経済研究におけるものに限らず、

一般産業を対象として展開されているイノベーション研究を参照し、そこから青果物産地におけるイノベーションと、それを担うアントレプレナーをどのようにとらえるのかを明確化した。

農業経済学がイノベーションを論じるとき、そこにはシュンペーター的な「懐古趣味的な英雄物語としてのアントレプレナー観」の幻影がつきまとっているように感じる。ただしそれは、シュンペーターのアントレプレナー観を明確に認識し、それを墨守するようなものではない。シュンペーター理論からイノベーションの概念を引用しながらも、そこで想定されている極端にエリート主義的なアントレプレナー像に言及するものはほとんどみられず、それゆえに、シュンペーター的なアントレプレナー像からの転換が明確に論じられることもないという状況である。

農業経済学において個別経営をこえた単位でイノベーション主体を本格的に考えようとした唯一といってもよい論者は高橋正郎氏であるが、高橋（1973）においてそれは構想にとどまり、事例分析のなかでそのような研究方法を確立するには至らなかった。次章で詳しく述べるが、この原因にも、シュンペーター理論への無理解が関係している。

シュンペーター自身、アメリカに研究拠点を移してからは、個人ではなく企業をアントレプレナーとして位置づけるようになったが、その後のイノベーション研究でもそのような傾向はしばらく続いた。そこでは、研究開発費と特許件数の相関分析などがおこなわれたが、確かにそのような大企業を対象とする研究方法を農業経済学に直接応用することは難しい。

しかし、そうした研究対象の相違から生じる断絶の結果、農業経済学はイノベーションの概念そのものが変化する動きを見落としてきた。イノベーションについて、そのプロセスや類型に新しい考え方が登場してきたし、イノベーションに関わる主体についても、個人と組織だけでなく、組織をさらにこえて一国単位の社会制度・文化を含むシステムも考察の対象とされるようになっている。

農業においては、研究開発部門を有する大企業がイノベーションを遂行し

ているわけではない。しかし、だからといって個人や一個の農業経営に注目していればよいとも考えられない。農業においては、普及員や技術指導をおこなう農協職員など、新技術を農家に普及する形でイノベーションに関与する主体がみられる。

イノベーション普及学の泰斗であるロジャースは、農村における新技術の普及を研究の出発点とするだけに、普及担当者をチェンジ・エージェントとして概念化し大きく取りあげている。しかし、一般のイノベーション研究において、自らは事業をおこなわず、他者への技術の普及を専ら担当する主体を明確に位置づけたものはほとんどみられない。自ら事業をおこなわずにイノベーションに関わる主体としては大学や研究機関が注目されるようになってきてはいるが、研究組織と事業体とのあいだにあって普及を専門的におこなう主体は、農業に特徴的なものである。

農家への普及という業務においては、多数ある技術のなかからレントを生み出しうる有望なものを選び出す必要があるから、普及主体はイノベーションのプロセスの重要な一端を担っていることになる。このような普及主体の存在１つをとってみても、農業においてイノベーションの主体を検討する際には、単一の主体をこえて主体間の連携を検討する必要があることがあきらかである。

農業に特有のイノベーション主体を分析するためには、一般のイノベーション研究から概念や分析手法を導入するのみでは不十分で、多かれ少なかれ独自の分析の枠組みを考案する必要がある。その意味では一般のイノベーション研究を参照する意義はあまり大きくないかもしれない。しかし、シュンペーターの５つの新結合を枕詞のように引用するだけでは、イノベーションに関わる主体として普及機関をどのように位置づけるかといった問題関心は生まれない。

イノベーションとアントレプレナーに関する筆者の見方をもう１つ述べておくならば、それは「事実というものは存在しない。存在するのは解釈だけである」ということである。農業経済学において論じられる抽象度が高い概

念は数多くあるが、イノベーションという概念に限っては、このニーチェの言葉が想起される。

イノベーションから得られるレントや、それを得るまでのプロセスの一つ一つは、他の事象と区別し特定することが可能な、誰がみても明確な輪郭があるものも多い。しかし、イノベーションの総体は、研究者の関心にそって複数の事象を組み合わせてつくりだした観念である。そのような観念であるイノベーションやアントレプレナーという存在には、唯一絶対の定義は存在せず、研究上の必要に応じて柔軟に設定すればよいと考える。

そのような前提のもとで、本書では青果物産地のイノベーションを担う主体を「システム」と捉えている。エリート企業家ではなくシステムを主体として想定することにより、イノベーションに関わる主体に求められる資質のハードルを下げることができる。そうすることで、広範な青果物産地をイノベーション研究の対象とすることができるようになる。これは、農業分野におけるエリート経営者不要論を提起しようとするものではなく、エリートに依存する以外のイノベーション促進策も検討する必要性を提起するものである。

次に、「ボトムアップ」について本書の考え方を述べておきたい。

産地技術マネジメントは、農協側からみれば販売事業に付随する営農指導事業および生産者組織の活動である。本書では「共同利用施設説」という農協理論に依拠して産地技術マネジメントにおけるボトムアップを分析するための枠組みを考える。

ただし、本書の考えるようなボトムアップのあり方が農協にとって唯一望ましいものであると主張するわけではない。さらに、共同利用施設説が説くようなボトムアップのあり方を実現している事例は少なく、一般的な青果物産地にとっては、実現するためのハードルが高いものである。そのような意味で、本書の考えるボトムアップは先鋭的であるということができる。あえてそのような形でボトムアップを検討しようとするのは、以下のような理由からである。

筆者は、現在の農協研究の論調は危機的な状況のなかにあって現状追認的すぎると感じている。現在の農協の姿と、それがたどってきた道のりを前提としながらも現状追認的にならず、本来的な協同の姿を目指しながらも空虚な理想論に陥ることがない、そのようなギリギリのバランスをとりながら、いかに現在の総合農協にラディカルな改革の可能性を見出せるのか。この可能性を追求するのが、いま農協研究者に最も求められていることであると考える。

　これまで取り組まれてきた農協改革においては、外部の批判勢力に提示するアリバイとしての改革実績リストを作成することに熱心だった一方で、組織全体の日常的な業務のあり方を全面的に見直すような抜本的な改革の事例はほとんどみられない[4]。広域合併の進展とそのもとでのある程度の合理化はみられたが、組織に刻み込まれた官製組織としての性格を超克し、新たな協同のビジョンを模索しようという動きはどれだけあったのであろうか。農協が生産者からもそれ以外の人々からの支持も失っていったのは、農協内部における改革の停滞が原因であって、外部からの攻撃によるものではないだろう。

　現在の生産者は、経営規模や専兼などの状況だけではなく、価値観までもが多様化しているから、誰もが共感するような理念を掲げることは難しい。そうしたなかで、協同活動への欲求そのものが消失してしまったのならば、農協の歴史的使命は終わったということになる。

　しかし注目すべきは、協同組合ではなく任意組織や株式会社の形態で協同活動を展開する生産者グループが少なくないことである。他者と協同することに対する意欲は、現在でも生産者のあいだに広範に存在しているのではないだろうか。そうした動きは、本来は農協の理念と共鳴していてしかるべきものである。そうならずに、農協が新しい協同のよりどころとなり得ていないのであれば、それは農協が本来的な協同組合への回帰を展望する上で深刻

（4）「抜本的改革」といっても様々な改革があろうが、例えばコッター（2002）で述べられているような改革を指している。

な問題といわざるをえない。

こうした問題を考えるうえで、「ボトムアップ」という考え方は極めて重要な位置を占めている。本来的な協同組合は組合員の主体性によって設立され、運営されるものだからである。

ボトムアップというのは協同組合だけではなく一般企業にも適用される概念であるが、その場合には「下」とは中間管理職以下の社員や従業員を指すのが一般的である。一般企業を対象にボトムアップを論じる場合に関心が向けられるのは、広範な従業員の貢献を引き出すことにより、組織や事業のパフォーマンスを高めることであろう。

これに対して、農協において「下」にあたる存在は一般的には組合員であり、「上」に相当するのは、農協職員、農協連合会・中央会、政府等とみることができる。ここで政府が登場するのは、わが国における農協が半ば官製の組織として設立された経緯によるものであり、それはしばしば「上からの組織化」とよばれている。

こうしたことから、一般企業の場合とは異なり、農協におけるボトムアップの議論は単に組織を活性化させる運営技術上の問題にとどまらず、「自主自立」といった精神性を帯びるものとなる。したがって、ボトムアップは農協にとって理念の１つであるといえる。

農協が本来的な協同組合として再生することを妨げている要因の１つに、理念の扱い方があるように思う。研究者か実務家かを問わず、理念を苦しい状況における一筋の光明として語る者がみられる。問題は山積しているが、我々の理念は正しいのであるから、それを信じて進むしかない、というようにである。その場合には、理念は正しいもの、疑いようのないものである方が都合がよい。しかし、筆者の考えでは、このような態度は農協の可能性をかえって狭めている。

農協は、理念の無謬性を前提とし、その理念の信奉者を獲得するための勢力争いに終始する20世紀型のイデオロギー闘争から抜け出せずにいる。むしろ旗を掲げる象徴的な姿を見かけることが少なくなっただけで、理念を扱う

態度の根本的なところは変わっていない。

若い世代においては、生産者、地域住民、そして農協職員も、正しいものとして与えられる既成の理念に満足するような存在ではなくなっている。しかし、系統農協の誇るべき全国規模のピラミッド型組織は、この前世紀型の運動形態にあまりに適合的であり、新しい理念を希求する動きを飲み込んでしまう。ここに若い世代の農協離れの根本的な原因があるように思う。

ボトムアップに近い活動方針として、2015年の第27回JA全国大会決議において「アクティブ・メンバーシップ」という概念が打ち出されている。この決議では、アクティブ・メンバーシップを強化することで、農協という組織が組合員にとってより魅力的なものになってゆくのか、それは地域の農業や暮らしに新しい可能性を切り拓くものなのか、そうしたビジョンが示されていない。それにかわって示されている目的らしきものは、「JAの組織基盤を強化」することである[5]。

このようなことでは、すでに「わがJA」という意識を失いつつある組合員に対して、アクティブ・メンバーシップの重要性を説得力を持って伝えることは難しい。これでは、アクティブ・メンバーシップという語に対して、組織のための組合員動員令を体よく言い換えたものという印象を持たざるを得ない。このような組合員不在の運動方針が打ち出される背景には、先に述べたような前世紀的な運動形態を払拭できていないことがあるだろう。

いま必要とされているのは、組合員自ら理念を選び取り、考え出してゆくような協同である[6]。理念は、そのような協同の現場で鍛えられることによってはじめて、多くの人々を協同運動に惹きつけるという本来の役割を果たせるようになるだろう。本書が考えるボトムアップとは、究極的にはこのような新しい協同が実現された状態、いいかえれば「理念のボトムアップ」である。

（5）第27回JA全国大会決議（http://ja-okhotskabashiri.or.jp/jataikai/pdf/27_02.pdf）、p.22。
（6）この問題意識に近い見解を述べたものとして、横山（2003）がある。

以上のように、本書で考えるボトムアップの問題は、一般的に想定されているような、組織における指揮命令系統のあり方の問題と重複しない部分がある。本書に対して、ボトムアップを論じていながらトップダウンという対義語との比較検討をほとんどおこなわず、「下から上へ」といった場合の「下」ばかり論じているという不満を抱かれる読者も多いかもしれないが、それは本書が以上のような問題意識からボトムアップを論じているからである。

本書では産地技術マネジメントのあり方を論じるために事例分析をおこなうが、ここで述べてきたようなボトムアップに関する考え方は抽象度が高いため、事例においてそれが実現できているかを検証するためには、その考え方をもう少し具体的な評価基準に落とし込む必要がある。そのような評価基準を設けるために、本書では協同組合に関する理論である「共同利用施設説」を分析の枠組みとして用いる。

最後に、各章で事例とした産地はいずれも温州ミカンを主力品目としているが、本書は本格的なミカン農業論でも、産地の最新の動向を紹介・分析するものでもないことをお断りしておく必要がある。事例分析は筆者が2000年代前半におこなった調査にもとづいており、本書を取りまとめるにあたって追加調査などはおこなっていない。そのため、本書はあくまで2000年代前半の3つのミカン産地を題材に、ボトムアップ型産地技術マネジメントという概念の有用性を検討したものと捉えていただければ幸いである。

4. 分析対象と本書の構成

本書では、ボトムアップ型産地技術マネジメントという概念を設定し、その有用性を事例分析により明らかにする。事例は3箇所取りあげるが、すでに述べたようにすべて温州ミカンの産地である。ミカン農業の特徴は、戦前より生産者による自生的な共販組織の形成がみられたことであるが、これは本書の考えるボトムアップを実現する上で重要な要素となっている。

本書の構成は、以下のとおりである。

第1章では、ボトムアップ型産地技術マネジメントの概念がどのようなものかを明らかにする。それは、すでに述べたようにイノベーション研究、農協理論を中心とする既往研究の検討を通しておこなわれる。

　ミカン産地においてボトムアップが実現してきたのは、早い時期に自生的な共販組織が形成されたことが背景となっている。そこで、第2章ではミカン産地において共販組織が形成されてきた歴史について述べる。

　第3章から第5章では、ボトムアップ型産地技術マネジメントを具体的な事例に則して分析する。

　第3章は愛媛県八幡浜市の真穴という産地で、愛媛県でも温州ミカン生産の中心となっている地域である。ここでは、地縁的結合に依拠した支部組織による技術対応が分析される。第4章では、熊本県の熊本市農協柑橘部会を事例とする。この産地では、地域割りで組織される支部組織とは別に、新技術を導入し産地内に普及するための組織が設けられており、その役割について分析をおこなう。第5章は、静岡県浜松市三ヶ日地区を事例とする。三ヶ日地区は規模拡大と機械化が進展しているミカン産地として有名だが⁽⁷⁾、その一方でミカン産地としては兼業農家の比率も大きい。そのような状況のなかでどのような産地技術マネジメントがおこなわれているのかについて分析する。

　終章では、各事例の特徴を再整理した上で、イノベーションを促進するための産地技術マネジメントについて考察をおこない、さらに本書で提示したボトムアップの考え方を実現するための農協組織の再編方向についても展望を示す。

（7）この点については、徳田（2014）が詳しい。

第1章

ボトムアップ型産地技術マネジメントの概念について

1．イノベーション・システムと産地技術マネジメントの関係

　本書では、ボトムアップ型産地技術マネジメントについて、図1-1のような枠組みで分析をおこなう。

　本書では、産地における技術対応を「産地技術マネジメント」とよぶが、

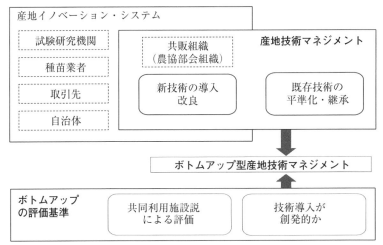

図1-1　ボトムアップ型産地技術マネジメントの分析の枠組み
資料：筆者作成。
注：破線の枠は実行・担当する主体を、実線角丸の枠は概念を構成する取り組みを示す。

これは産地が中心となって実践するイノベーションの取り組みと関係が深いものである。本書では産地を中心とするイノベーションのあり方を「産地イノベーション・システム」という概念で捉えるが、これは技術的な対応で完結するものではなく、経済的な成果を得るところまでを含むものである。したがって、産地技術マネジメントは産地イノベーション・システムの全体ではなく、その一部に相当する。

その一方で、産地の技術対応には既存の技術について普及率の底上げを図るなど、イノベーションと直接関係のないものも含まれる。このように、産地技術マネジメントと産地イノベーション・システムは重複する部分としない部分がある。図1-1の上段には、このような包含関係を示してある。

この産地技術マネジメントが、共販組織構成員のボトムアップにより運営され得ること、そしてそれが産地におけるイノベーションや再編を図るうえでどのような意義を有するのかを示すのが本書の課題である。事例分析におけるボトムアップを検証・評価するための枠組みとして、共販組織の運営のあり方を評価するため「共同利用施設説」を、実際の技術対応が誰によって担われているかを評価するために「創発的」という概念を用いる。

共同利用施設説は、企業形態論の面から農協を捉えるための学説であり、これが主張するような関係が事例産地において農協・共販組織や構成員のあいだに成立しているのかを検証する。共同利用施設説は、アメリカのフィリプスが提唱し、わが国には山本修氏が導入したものだが、本書ではこれらに独自の解釈を加えた上で用いている。

「創発」という用語は様々な意味で用いられているが、本書では直接的には経営戦略論においてミンツバーグが提唱した考え方に着想を得ている。

以上のように、本書ではボトムアップ型産地技術マネジメントを事例分析により検討するために、独自の概念を多く用いている。本章では産地イノベーション・システムと産地技術マネジメント、協同組合の共同利用施設説の概念について述べた後、それらの概念を実際の事例分析で用いる際の評価基準についても示すことにする。

14

2. 産地イノベーション・システム概念と産地技術マネジメントについて

　本書の焦点である産地としての技術対応は、産地の外での技術開発から始まって、技術導入後の販売促進やその後の産地間競争への対応など、多くの段階からなり複数の主体が関わる一連の活動の一部である。

　本書では、そのうち産地として能動的にマネジメント可能な範囲を産地技術マネジメントとして研究対象とする。前節で述べたように、産地技術マネジメントは産地におけるイノベーションのあり方に大きく関わっており、それを本書では産地イノベーション・システムとして捉える。本節では、産地イノベーション・システムの概念について説明するが、まずはその準備としてこれまでの農業経済学におけるイノベーション研究の検討をおこなう。

1）高橋正郎氏のイノベーション研究の問題点

　農業経済学の分野においてイノベーションについて論じた研究は近年増加しているが、早期にこのテーマを取りあげた研究者として高橋正郎氏があげられる。

　その代表的な論考である高橋（1973）は、わが国の農業経営一般がイノベーションの主体（企業家・アントレプレナー）となりえていないことを指摘し、それにかわるイノベーションの主体として地域を単位とした「中間組織体」という仮想的な経営体を考えた。一般的に同書は、この中間組織体が農家に代わって企業家の役割を果たすことを主張するものと考えられている[1]。しかし、同書における事例分析では、そのような考え方は一貫していない。

　例えば、稲作における協業化を事例とした分析では、中間組織体に相当すると思われる協業経営体について、「等質でタテの機能分化が行われにくい

---

(1) 同書では中間組織が革新の主体となると明言している箇所は少なく、「組織を通じた革新」高橋（1987）p.67などのあいまいな表現が多用されている。

農家集団では、この変化への対応、あるいは組織の自己変革の能力は乏しい」と否定的な評価が与えられている(2)。それに代わって中心的な役割を果たすものとして描かれるのが、役場、農協、普及所による協業化促進のための協議会である。

この協議会を「中間組織体における組織中枢」と呼んでいるところをみると、協議会も「中間組織体」の一部だという論理なのかもしれないが、同じく中間組織体の一部であるはずの一般農家は、協業化というイノベーションに抵抗する存在として描かれている。そのような対立関係にある主体をひとまとめにしてイノベーションの主体と規定するのは無理がある。

さらに事例分析の結論部分では、協議会の中心人物であった町役場の経済課長が「地域農業を動かす企業者（アントレプレヌール）」と評価されている。

近年の著作に至るまで(3)、農家が企業家たり得ないのは経営をとりまく環境が主な原因であるというのが、高橋の一貫した主張である。しかしその一方で、役場職員を企業家として評価する理由として、「わが国農業でも、市町村の経済課長あるいは農協の営農部長などの地域農業主体の中には、個々の農業経営者に存在しない広い視野と、新しい経営感覚・企業感覚を持つものも少なくない」(4)と述べられており、環境ではなく資質を問題としていて、矛盾がみられる。

2）アントレプレナーの役割とイノベーションのプロセス

前項でみたような問題が生じた要因には、アントレプレナーとはどのような存在で具体的に何をするのかという検討が不足していることがある。

高橋が引用したシュンペーターはイノベーションとアントレプレナーに関する研究の泰斗であるが、その著作である『経済発展の理論』で示されたアントレプレナー像は独特なものであり、農業における事例分析にそのまま援

（2）高橋（1973）pp.152-153。
（3）高橋（2014）を参照。
（4）高橋（1973）p.24。

第1章 ボトムアップ型産地技術マネジメントの概念について

用するのは難しい側面がある。しかし、高橋が援用しているのはシュンペーターであるため、ここではまずシュンペーター理論の見地から、高橋の研究の問題点を指摘しておきたい。

わが国の農業経営者がアントレプレナーの役割を担えていない理由として、高橋（1973）は農業者が資本力に乏しいことなどをあげている。その後、高橋（1987）では具体的に問題となる環境要因について、農地集積に関する制約、マーケティング機会が少ないこと、農政による規制の3点が示された。

しかし、シュンペーター理論から考えると、資本や農地などの経営資源の不足を企業家活動の制約要因と考えるのは適切ではない。むしろ、イノベーションに必要な経営資源が不足している状態から出発して、それを調達することが企業家の主要な役割である。このことは、シュンペーター（1977）では銀行家と企業家を区別するという形で論じられており、シュンペーター理論の重要な要素として評価されている[5]。

シュンペーターの提示したアントレプレナーとは、自ら発明をおこなえなくとも他者による数多くの発明のなかから有望なものを見出し、それを経済的利益に結びつけるための事業プランを策定することができる者、その事業に投資するための経営資源を自ら所有しなくとも銀行家に事業プランを示すことで経営資源を調達することができる者である。そのために必要な個人的資質として、洞察力、抵抗を克服する力、私的帝国を建設しようとする夢想と意志、勝利者意志、創造の喜びを希求する姿勢などがあげられている。

企業家の役割は銀行家に投資を決断させることであって、自ら所有する資源を事業に提供することではない。したがって、シュンペーターの経済発展観においては、企業家から投資案を受ける側の銀行家の役割も重要なものとなる。これについて森嶋（1994）は、「新結合をおこなうただ者でない企業者と、さらにその背後にあって多くの企業者の中から本物の企業者を見抜く眼力のある銀行家が、シュンペーターの資本主義の正副操縦士である」（p.60）

（5）シュムペーター（1977）pp.200-204参照。

と述べている。こうした考え方を受けて、イノベーションのプロセスは、企業家による「資源動員の正当化プロセス」と捉える論者もある[6]。

農業経済学においてイノベーションを論じた研究の多くは、シュンペーターの提示した以上のようなイノベーション観とアントレプレナー像に留意することなく、5つの新結合という表面的な定義を引用するにとどまる傾向があるように思われる[7]。

以上のように、経営資源が欠如していることは農業経営者が企業家たり得ない理由とはならない。もちろん現実的には、資源調達の難易は多くの要因によって左右され、それが企業家活動の難度に差を生じさせることはあるだろう。しかし、高橋が取りあげた稲作協業化の事例に、これはあてはまらない。このことを示すため、図1-2には協業経営化を例としたイノベーション・プロセスを模式的に示した。

この図の左方に示したように、一般的な農家においては確かに資本や農地などの経営資源は不足しているであろう。しかし、それは企業家が組織化というイノベーションを遂行するにあたって障害となるものではなく、むしろ

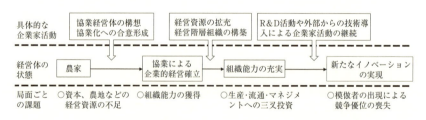

図1-2　経営協業化におけるイノベーション・プロセスのモデル
資料：筆者作成。

（6）武石ほか（2012）pp.10-19。
（7）この点を明示的に論じたものに、横山（1996）がある。ここでは、シュンペーター理論が資本提供の有無を危険負担の判断基準としているのに対して、東畑理論では実際に事業を担当するかどうかが基準となっていること、高橋の議論ではそれらが考慮されていないことなどが指摘されている。

第1章　ボトムアップ型産地技術マネジメントの概念について

組織化というイノベーションが必要とされる理由である。

　ここで企業家がおこなうのは、図の上段にあるように協業経営の設立を構想し、実際にそれを実行するために農家を説得し合意形成を図ることである。これを実行するためには資本や農地などは必要とされない。高橋の事例においても、それらの経営資源をもたない役場職員がこの役割を果たしていたが、これを農家が担うことも可能なはずである。実際、高橋自身も後の著作では、「地域農業の指導者だけではなく、農業者自体がその役割を果たす例も少なくはない」と述べている[8]。

　高橋（1973）における協業経営設立の事例では、図1-2において左から2段階目の協業による企業的経営確立までを扱ったものと考えられるが、イノベーションに関連する取り組みの広がりを示すため、それ以降の経営展開として考えられる一例を示してある。

　協業経営という形で機械施設や労働力といった経営資源を調達できた場合、それらの資源を経営内に適切に配置し、管理してゆくための体制が必要となる。これは、イノベーションに取り組んでいない場合でも企業的経営において普遍的に求められる能力と考えられるが、その重要性を強調したものとして、チャンドラーによる「組織能力」という概念がある。

　組織能力とは、「企業内部で組織化された物的設備と人的スキルの集合」であり、それは「三つ又投資」を通じて獲得されるものである。三つ又投資の内容は、規模・範囲の経済を発揮するための生産設備、マーケティング・流通網への投資、それらを通じて経営体に集積される設備や人員を管理するためのマネジメントへの投資である[9]。

　組織能力が充実してきた段階（図1-2では左より3段階目）になれば、水稲作の協業経営では経営効率が高まり生産コストが低減することが期待でき

（8）高橋（2002）pp.149-150
（9）チャンドラー（1993）を参照。ただし、チャンドラーが考えていた投資は、農業において一般的に想定される規模のものではなく、世界規模で事業を展開する企業による大規模な投資である。

るだろう。このような生産コスト低減をもたらすのは「プロセス・イノベーション」と呼ばれている。

次の段階では、模倣者が現れてそれまでの取り組みによる優位性が相対的に縮小し、それへの対応を迫られる可能性がある。また、水稲作の協業経営の場合でも、加工品生産などを開始して商品を差別化する「プロダクト・イノベーション」をおこなうようになれば、その製品を模倣する競争相手の出現の下でさらなるイノベーションに取り組む必要が生じるであろう。

以上の例からわかるのは、イノベーションはより一般的な企業活動とも連続性を有する大きな拡がりを持った活動だということである。そうした活動のどこからどこまでをイノベーションと考え、どの側面に注目するのかは、研究の目的や扱う事例の性質にも左右される。

シュンペーターはこの連続的な活動について、ルーティン化する前か後かを厳格に区別したが、近年のイノベーション研究では対象領域を拡大し関連分野との融合化が進む傾向がみられる。例えば、経営戦略論とイノベーション研究を統合的に論じようとする「戦略的アントレプレナーシップ」や、新規の事業と企業が並行して立ち上がる局面でなく既存企業におけるイノベーションに焦点をあてた「コーポレート・アントレプレナーシップ」などの議論がある。

このように、イノベーションとそれに関連する現象の広がりの大きさから、論者によってイノベーションの定義は多様であり得る。「過剰な概念定義に向けられる研究努力は、本来のアントレプレナーシップ研究を誤った方向に導きかねない」[10]という懸念からも、そのような多様性は容認されるべきであろう。

ただし、そのような多様性を認める前提として、イノベーションの全体像をある程度明確にした上で、それぞれの論者が自らの概念をどこに位置づくものなのか示すことは重要であろう。これまでの農業経済学におけるイノベ

---

(10) 原 (2002) p.57。

ーションの議論に欠けていたのは、このようなイノベーションや企業家の全体像に関する認識であり、その中での自らのイノベーション観や企業家像を提示することである。

近年では、分析の枠組みとしてシュンペーターの5つの新結合を引用するのみという傾向はさすがに変化がみられるが、農業という産業の特性を踏まえたアントレプレナー像の模索は未だに不十分であるように思われる。

3）地域を単位とする変革主体の形成に関する研究との対比

高橋自身も近年の著作[11]では個別経営がイノベーションをおこなう可能性が広がっていることに注目しているため、農業において中間組織体に類するものを企業家として位置づけた研究は近年では見当たらない[12]。

しかし、イノベーションや企業家という概念を用いなくとも、地域的・組織的・集団的な主体形成を論じた研究は、農業経済学において数多くみられる。そのような研究として、近年は集落営農を対象とするものが多くみられるが、ここでは園芸産地化の動きを対象としたものとして、太田原高昭氏の研究を検討しておきたい。

高橋が地域農業再編の具体的な形態として取りあげたのは経営協業化であったが、太田原は地域農業への集約的作目の導入に注目した。このような事例の違いに加えて、農家の主体性に関する評価や描いた展望も対照的であったが、両者の研究には多くの共通点も見出される。

第1には、わが国の農業経営が主体性を発揮できずにいるという問題意識を議論の出発点としていることである。高橋の単なる業主論と同様の認識が、太田原の初期の著作にもみられるのである。

---

(11) 高橋（2014）などを参照。

(12) 農業経済学においても、複数主体が連携してイノベーションをおこなうという見解はみられる（稲本・津谷（2011）p.11）。また、個人ではなく経営体の総体を組織としての企業家として捉え、それが外部主体との連携によってイノベーションを行うという分析の枠組みを用いた研究もみられる（川﨑（2016）p.15）。

例えば太田原（1976）では、高度経済成長期に形成された上層農経営について「経営主としての農民の著しい主体性の喪失」がみられることが指摘されている[13]。上層農の規模拡大は補助金や政策金融によって誘導され押しつけられたものであり、それは「負債が負債をよぶ」形での「ゴールなき拡大」として展開される非自主的な拡大だというのである。そして、そのような経営においては、「経営展開のハンドルを握っているのは経営主たる農民自身ではなく、導入された他人資本であり、その背後にある政策主体」であるという。

　ただし、高橋が規模拡大を肯定的に捉え、その遅滞を企業家活動の妨げと捉えているのに対し、太田原は規模拡大をはじめとする近代化路線そのものが経営者の主体性を喪失させているというように、問題が生じる理由については対極的な認識となっている。

　第2に、役場、農協、普及センターの連携による協議会組織に注目し、両者ともこれを地域農業再編の主体として位置づけていることである[14]。ここでも、両者には重要な違いがある。はじめに目につくのは、高橋が行政を、太田原が農協を協議会組織の中心に位置づけた点であるが、より大きな違いは、高橋が中央集権的な組織化を構想したのに対し、太田原はあくまで農業経営者に主体性があり、農協が発揮する機能はその発現形態だと考えていた点である。これは本書の掲げる「ボトムアップ型」というテーマとも関連が深い。

　以上のことから、高橋と太田原は、わが国の農業経営者の状況について同様の認識を持ち、分析した事例にも共通点がみられる。しかし、現状を認識した上での評価、問題を生じさせている要因、描いた展望などにおいては、対極的である。

　組織的対応によって個別経営の限界を克服しようと考えた点、その組織化が経営資源の集積にとどまるものではなく、集合的な意志決定を考えていた

---

(13) 太田原（1976）p.520。
(14) 太田原（1978）を参照。

第1章　ボトムアップ型産地技術マネジメントの概念について

点は両者の共通点である。だがそれを実現するための方向性は異なっており、高橋は中央集権的な組織化を考え、太田原は農民の主体性を重視する民主的農協という展望を描いている。

　それぞれの方向性は十分に実証されたとはいえない。高橋の主張の問題点については前項でみたが、農業経営者の役割を積極的に位置づけている太田原においてはまた別の問題がみられる。

　太田原の著作においては、「主体性」や「民主的農協」というキーワードが頻繁にみられるにも関わらず、実際に農家が主体性をどのような形で発揮しているかについては、ほとんど述べられていない。販売事業について農業経営者が「農協まかせにはしていない」という記述は何カ所かにみられるが、その内容は農家自ら卸売市場に通うといった断片的な取り組みが例示されるのみである[15]。

　太田原の著作のなかで、具体的な事例分析が最も充実しているのは太田原（1978）であるが、そこでは「農民的」複合経営が形成されていること、またそれに関わっているのが「民主的」農協だということが述べられている。これらは、農業経営者の主体性が発揮されていることのいわば状況証拠であって、直接的に農業経営者の行動を分析した記述はみられない。

　そうしたことから、太田原の農協論に対しては「「主体性」が農協の経営政策に具現されてくる経営内部の過程はまったく捨象されてしまっている」という批判がなされている[16]。そして、後年の著作では地域農業再編に果たす農協指導事業の役割が極めて重視されるようになり、農協が組合員である農業経営者を複合経営や産地形成に導いてゆくという図式が明確になって

---

(15) 太田原（1976）pp.541-542を参照。
(16) 青柳（1986）p.18を参照。このような捨象がされた理由について青柳は、「「民主的農協」の特質もその要因とされる農民・農協労働者の「主体性」も共に「農民的複合経営」の展開に求められるため」と分析している。しかし、卒論から修士課程までを太田原氏の指導の下で過ごした筆者の目から見れば「農家の行動の分析を積み上げるところから地域農業の全体像を描くような研究スタイルではなかった」という説明がもっとも納得のゆくものである。

くる(17)。

　以上のことから、高橋と太田原の両者ともに、事例分析で示すことが出来たのは、政府などにかわって役場や農協の職員が「動かすもの」になり得るということにとどまり、組織的対応によって農業経営者自体が「動かすもの」となりうることまでは、十分に実証できていないということができる。

４）イノベーション研究の動向を踏まえた産地イノベーション・システム概念の設定

（１）SIアプローチとは何か

　前述した企業家像の提示という問題に関連する論点として、イノベーション研究においては、「イノベーションの中心にいるのは個人か、組織か、システムか」(18)という問題がある。

　このうち個人と組織の位置づけについては、シュンペーター自身にも変遷がみられる。初期の代表作である『経済発展の理論』においてシュンペーターは、発明家としての個人による発明を、企業家としての個人が利用してイノベーションを遂行することを考えていたが、その後の著作である『資本主義・社会主義・民主主義』では大企業がイノベーションを担う存在となることが想定されている(19)。この変化の背景には、牧歌的な個人発明家の時代が変化し、R&D部門を有する大企業が強力な研究活動を展開するようになったことがある。

　その後のイノベーション研究においても、個人より企業・組織を重視する傾向はしばらく続き、「イノベーションを遂行するのは現場の従業員の塊、すなわち"名も無きヒトの集団"である」と考えるような研究が主流となっ

---

(17)この傾向は、太田原の論調が変化したといわれている武内・太田原（1986）から顕著となる。

(18)安田（2010）pp.102-103。

(19)ただしこれは、いわば移行段階の状況について述べられたもので、最終的にはイノベーションが停滞する状況が訪れることが展望されている。

第1章　ボトムアップ型産地技術マネジメントの概念について

ていたが[20]、そこで想定されているのは基本的には単一企業の内部で取り組まれるイノベーションである。すなわち、後期のシュンペーター以降のイノベーション研究では、その源泉となる知識創造のプロセスを企業が内製化することを前提とするものが多かったのである。

　個人か組織かという問題設定に加えて、「システム」という新たな分析単位が登場したのは1980年代で、これを採用する研究方法はSIアプローチ（Systems of Innovation Approach）とよばれる。このアプローチでは、イノベーションをおこなう主体は「社会を構成する諸要素（制度、政治、社会基盤、金融、人材、知識、価値など）と要素間の関係のあり方、すなわちシステムである」[21]と考えられている。

　システムをイノベーションの主体として認識することで、それまでになかった新しい論点が提示される。そのどれを重視するかによって、同じSIアプローチを採用する研究でも、問題とする局面や扱う事例は大きく異なるものとなるので、それについて概観しておきたい。

　まず、すでに述べてきたようなイノベーションの源泉となる新知識の創造を誰が担当するかに注目する研究がある。シュンペーターの孤独な「企業者英雄」[22]という企業家像から変化して、近年の研究では「連携するアントレプレナー像」[23]が提示される傾向がある。そうしたなかで、連携の対象として大学や試験場などの企業外部の研究機関が注目されている。

　後期のシュンペーターが企業内R＆Dに注目し、企業家による知識創造の内製化という方向性を重視したのに対し、「近年の研究では知識創造を外製化する動きを再び分析の枠組に組み込む傾向がみられる」[24]ということである。オープン・イノベーションなどの概念もそうした動きのなかに位置

---

(20)安田（2009）p.30。
(21)安田（2010）p.109。
(22)森嶋（1994）p.55。
(23)安田（2010）p.120。
(24)後藤（2016）を参照。

25

づけられるが、SIアプローチでもこのような考え方がみられる。農業経済学で、このようなSIアプローチを採用した研究としては、オーストラリアを対象に試験場の技術開発に現場の農業経営者の意向をいかに反映させるかという問題を論じたものがある[25]。

システムを分析単位とすることで、政策や補助金、雇用に関する制度や慣行、教育など、従来は直接的にイノベーションに関連付けられていなかった要因にまで考察対象を広げるような研究もみられる。SIアプローチの嚆矢となったフリーマン（1989）は、当時の日本のめざましい経済成長を支えたイノベーションが、いかなる条件の下で生み出されたかについて、こうした観点から明らかにしようとしたものであった。

この場合のシステムは、国を単位とするものが多く、それはNIS（National Innovation System）とよばれている。そこで扱われているのは、例えばアメリカの経済制度はラディカル・イノベーションを促進し、ドイツの経済制度はインクリメンタル・イノベーションを促進するものである、といったような論点である[26]。

国よりも柔軟な範囲をシステムの単位とする研究もみられる。その多くは、市町村や県、州などの地理的領域をシステムの範囲とするものである。そうした研究では、システムを構成する主体が一定の地理的範囲に存在することが重視される傾向にある。複数の主体によりイノベーションが遂行される際には、形式知化されていない暗黙知を共有することが必要であり、そのためには空間的近接性が不可欠であるというのが、その理由である。

こうした認識から、一定の地理的領域にイノベーションに関連する主体が集積することを重視する研究がおこなわれている。産業クラスターの議論もこうしたSIアプローチに影響を受けているほか、経済学や経営学にとどまらず、経済地理学においてもこの視点からの研究が盛んにおこなわれている。本書におけるイノベーション・システムの認識もこうした研究に近いもので

---

(25)大呂（2011）を参照。
(26)安孫子（2012）を参照。

第1章　ボトムアップ型産地技術マネジメントの概念について

ある。

（2）SIアプローチを採用する理由

　本書では、青果物産地におけるイノベーション主体を概念的に捉えるための枠組みとして、以上に説明してきたSIアプローチを利用する。その理由は、SIアプローチが次のような特徴を備えているためである[27]。

　SIアプローチでは、イノベーションを新知識の創造から市場化への単純で連続的プロセスとして捉えるのではなく、様々な主体間、あるいは主体と環境との相互作用プロセスとして捉えることが特徴である。そのような相互作用が生じるためには、先述したようなシステムの構成主体同士の空間的近接性のみではなく、価値観・文化の共有なども欠かせない。

　このような考え方は、農業におけるイノベーションの議論と親和性の高いものといえる。農業における技術開発では試験研究機関や種苗業者の役割が大きく、シュンペーター的な孤高の英雄としての企業家像は馴染まない。また、園芸産地では個々の経営が独立したまま生産過程を担い、販売業務や技術対応の一部が共同化されているため、多数の主体の連携の下にイノベーションがおこなわれるというSIアプローチの想定は現実に適合的といえる。

　地理的な領域を前提とする概念であることも、産地という概念とSIアプローチとで共通している特徴である。先にみた高橋や太田原の議論では集落の役割が重視されていたが、そうした地域を単位とする活動もSIアプローチを採用することによって位置づけやすくなる。

　以上の理由から、本書では青果物産地においてイノベーションの主体となるシステムを想定し、これを産地イノベーション・システムと称する。システムを構成する主体になり得るものは、試験研究機関、農家、共販組織、農協、農協連合会、自治体、販売先などである。

　ここでは、1つの共販組織が1つのシステムを形成すると考えるため、試

（27）以下に述べるSIアプローチの基本的特徴は、戸田（2004）pp.47-48による。

験場などは複数のシステムの構成要素となっていることが想定される。システムの構成要素とみなす要件は、特定の産地におけるイノベーションを促進するような活動を能動的・意識的におこなっていることである。したがって、SIアプローチでしばしば重要な主体として扱われる中央政府や政策・制度については、特定の産地ではなく広く青果物の生産流通一般を対象とするものと解されるため、システムの構成要素とはみなさない。

　産地イノベーション・システムの概念により、農業経済学におけるイノベーション研究における次のような問題点を解決することが期待される。

　青果物産地が新技術を導入し経済的な成功に結びつけるためには、農家・共販組織・農協の連携が重要であること、そこに技術を提供する試験研究機関の役割も欠かせないことは、先行研究においても経験的にも既知といってよいであろう。現実の農業経営の多くは、イノベーションに対して全く無能あるいは受動的ではないが、その一方で他の組織や個人と何の連携もなしにイノベーションを完遂できるような経営もほとんど存在していない。したがって、産地におけるイノベーションを実態に即して検討し改善策を示してゆくためには、動かすか動かされるかという二分法によって議論していては限界がある。

　近年では、様々なイノベーションに取り組む個別経営がみられるようになり、農業経営者を単なる業主とみなす議論は少なくなっている。また、企業家としての農業経営者が多様な主体と連携していることに着目した議論もみられる。例えば、イノベーションが実現した要因を「経営者能力のみに属するのではなく、農業経営体全体が有する能力や外部環境とのクロスオーバー効果として捉えるべき」[28]といった認識がみられる。本書における産地イノベーション・システムの概念は、このような認識をさらに推し進めて明確化したものである。

　本書ではイノベーションという概念について、認知論や心理学的な問題と

---

(28)川﨑（2016）p.14。

第1章　ボトムアップ型産地技術マネジメントの概念について

しての個人のなかでの新知識の創造から、チャンドラーのいうような投資活動（チャンドラーはそれをイノベーションとは対置されるものと位置づけた）、さらには模倣者の出現後の競争戦略に至るまで、極めて幅広く多段階にわたり、それが連続した一連の活動であると考えている。

　そこからどの部分を切り出してイノベーションを論じるのかは、研究の問題関心や分析する問題の性質に応じてその都度設定すればよいことであり、普遍的な定義を設定することの意義は限定的なものにとどまると考える。

　シュンペーター理論に即するならば、イノベーションとは新知識を見出し、それをもとに事業化の計画を策定し、そのための経営資源を調達して計画を実行し、レントを得るまでの活動である。これを担当するのがアントレプレナーということになるが、SIアプローチを採用した場合には、こうした認識を変える必要が生じてくる。

　発明のプロセスが外部化されていたり、制度や慣行の影響も考慮しようとするならば、より広い活動をイノベーションに関連するものとして分析対象とする必要が生じる。そのような広い活動をイノベーションに関連付けて議論する場合には、その全体を計画し実行するシュンペーター的なアントレプレナー機能を発揮する主体を想定することは難しい。

　例えば、先にSIアプローチについて述べた際に、国を単位とするシステムを想定する研究動向を紹介したが、そこでは雇用慣行や商慣行、教育制度などもイノベーション・システムを構成する要素と考えられており、それによって実現されやすいイノベーションの種類が異なるといった議論がおこなわれている。

　社会経済的な制度が、その社会で実現するイノベーションをどこまで規定するかについては、議論が分かれるところであろう。ただ間違いなくいえるのは、このような一国の規模からなる大規模で複雑なシステムを想定する場合には、そのシステムのパフォーマンスに満足できなかったとしても、より良いシステムに自在に入れ替えることはできないということである。

　本書でイノベーション・システムという場合のシステムという用語は、そ

29

れを導入すればイノベーションがうまくいく仕組み、端的にいえばコンサル
などが企業に導入を進めるソリューションのようなものではなく、複雑で多
岐にわたる要素が絡み合いながら結果的にイノベーションが実現されてゆく
という状況認識を表す語として用いている。

　この目的からいえば、イノベーション構造であるとかイノベーションネッ
トワークという語を用いても差し支えない。ただし、全体を強力に統括する
主体が存在せず、システムの構成主体がそれぞれの目的にもとづいて活動し
ていたとしても、結果的にはそれなりの協調行動がとられ、イノベーション
が実現してゆくというのは、極めてシステム科学的な認識方法である。

　青果物産地の実態を考えても、試験場が将来の産地の姿についてある程度
のビジョンを持っていて、それにもとづいて開発する技術の方向性を決める
というのが一般的な姿であろうが、それがイノベーションの方向性や成否を
すべて決定するわけではない。試験場が全てをデザイン出来るならば、産地
間のイノベーションのパフォーマンスの差異は自然的・社会的な条件のみに
よって生じ、産地の組織や農家によっておこなわれる努力は問題にならない
事になってしまう。逆に、個別産地の主体的な努力によって全てを説明しよ
うとすることにも無理がある。

　初期のシュンペーター理論の枠組みをそのまま適用し、発明はアントレプ
レナーの役割ではないと考えて試験場等の産地外部の主体を考察対象から除
外すれば、共販組織や農協、あるいはそこで中心的な役割を果たしている個
人をアントレプレナーと認定することは可能である。しかし、そのような認
識が本書の目的に適合的であるとは考えられない。

　ここでイノベーションについて論じているのは、産地技術マネジメントに
何が出来て何が出来ないのか、何を期待すべきなのか、それを改善すること
で産地再編に対してどのような影響を与えられるのかという問題を検討する
ためである。この目的には、イノベーションを広く捉えるSIアプローチが適
していると考えた。

　イノベーションに関与する主体のなかに全体を強力に統括するものが存在

30

第1章　ボトムアップ型産地技術マネジメントの概念について

しない場合、イノベーションを実現するパフォーマンスが低くなるおそれはある。しかし、だからといって現実に存在するかどうか疑わしい統括者を前提として、その役割を論じることに意味があるとは思われない。「動かすもの」と「動かされるもの」という二元論的認識を転換する必要性は、この点にあると考える。

産地技術マネジメントは、以上のような産地イノベーション・システムの考え方とは逆に、共販組織という主体を想定し、それが統括可能な範囲の活動を想定した概念である。システム全体には統括者が存在しない場合でも、それを構成要素に分解していけば統括主体が存在する単位に遡ることは可能である。そうした単位のなかで最も重要なのが産地であり、それを統括する主体が共販組織である。

産地イノベーション・システムのなかでの産地技術マネジメントの位置を示したものが、図1-3である。この図では、各主体間のフィードバックなどは省略し、イノベーションの経時的なプロセスにしたがって担当主体が変化してゆくことを模式的に示している。

この図で産地技術マネジメントに該当する部分は、斜線で区切られて「生産者・共販組織」と表示されている中央部分である。

イノベーションのプロセスの中で、産地技術マネジメントの主要な活動内

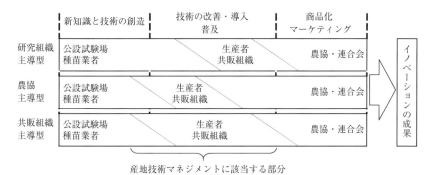

図1-3　産地イノベーション・システムの類型と各段階を担う主体
資料：筆者作成。

容は新技術の導入と普及であるが、共販組織または農家も技術の開発・改良をおこなう場合がある。そこで、この図では新知識と技術の創造については公設試や種苗業者が担当する部分の面積を大きくとっているが、農家・共販組織がその活動を担う部分もあることを示している。担当主体の境界線が斜めに引かれているのは、そのことを表現したものである。マーケティングプロセスの下流側にある商品化段階において、共販組織と農協・連合会の担当範囲にも、同様のことがいえる。

斜線で示された境界線は固定的なものではなく、イノベーションにおいて主導的な役割を果たすのが研究組織か、農協職員か、共販組織かというバリエーションを想定することが出来るので、図にはそのような類型も示してある。

ここでは便宜的に「研究組織主導型」といった類型の名称としてあるが、この主導性が極端に強い場合には、システム全体を統括する主体ともなり得るであろう。しかし、そのような場合は稀であるという認識から、本書では前述したようなSIアプローチを採用している。

この図に示したように、農家と共販組織の担当する機能の境界は柔軟に変更が可能であると考えられる。そのことは、技術対応に対して農家が主体的に参加できることを示すものである。

5）イノベーション・システムにおける個人の資質の問題

前節では、イノベーション研究におけるSIアプローチを援用することで、青果物産地におけるイノベーションは産地内だけで完結するものではないという考え方を示したが、そうした場合でも農業経営者の資質や能力について考慮する必要がなくなるわけではない。以下では、この問題をどのように扱えばよいかについて、本書の立場を述べておきたい。

企業家個人の能力の問題に対して、心理学的属性を測定することで接近しようとする研究は、「属性アプローチ」と呼ばれている。しかし、久保（2005）によれば、属性アプローチを用いてイノベーションがおこなわれるプロセス

第1章　ボトムアップ型産地技術マネジメントの概念について

を説明することは難しく、「今後の発展性が見込まれないことが多くの論者から指摘されている」という[29]。

　そのため、企業家に関する研究動向は1980年代の個人的特質に関心が集中する傾向から変化して、1990年代では「アントレプレナー個人に対する関心から、事業の機会をいかに評価し、そして成長させていくかという「プロセス」へと、その関心が移行」していることが指摘されている[30]。

　農業経済学においても、経営者個人の能力に注目する研究はみられる[31]。しかし、そのようなアプローチから導かれる結論が、高い経営成果を上げている農業経営の経営者は優れた資質を持つということにとどまるのならば、そこからイノベーション促進策を導き出すことは難しい。優れた資質を有する人材を確保する手段を示せなければ、個人の資質に注目する研究は「企業家英雄待望論」に終始するおそれがあるからである。

　アントレプレナーとしての資質を高める方策については、悲観的な見方をする論者も多い。例えば、米倉（2017）は「新しい事業を起こす企業家、すなわちアントルプルヌアの育成などはできない」という認識の下に、多くの企業家と目される人材にチャンスを与え試行回数を増やすことを提案している。また、資質には訓練できるものと訓練できないものがあると主張する論者もみられる[32]。

　この問題について、農業経済学の研究動向に違和感を感じるのは、企業家としての資質と一般的な経営管理に関わる能力を区別しようという意識が感

---

(29)久保（2005）p.72。

(30)後述する農業経営学会のシンポジウムでは、こうした動きや「アントレプレナーシップ」を企業家精神と訳することの問題点を指摘する文献が数多くあることを等閑視し、経営者の個人的資質に焦点を当てている。そのことに疑問を呈するフロアからの質問もみられた（『農業経営研究』第54巻第1号、p.66参照）。

(31)代表的な研究成果として鈴村（2008）。

(32)科学的発見について述べたものだが、ポラニーは「直感」は訓練できるが「想像力」はそうではないとしている（ポラニー（1986）pp.18-21）。

33

じられないことである。前者が創造的破壊をおこなう能力であるのに対し、後者が既存の枠組みの中で最適化を図る能力だと考えれば、それぞれに求められるのはかなり異なるものと考えられる。しかし、イノベーションの担い手を問題としながら、後者の能力ばかりを論じている研究がみられる。

例えば、坂上・長命・南石（2016）は日本農業経営学会において「農業におけるアントレプレナーシップと人材育成」という統一論題下でおこなわれたシンポジウム発表を論文化したものであるが、そこでの事例分析では、人材育成のためのマニュアル整備に注目している。しかし、マニュアル整備は、直接的にアントレプレナーシップに関係するとは言いがたい取り組みである。これは事業がルーティン化した後の経営管理に関わる取り組みと位置づけた方がよいだろう。先に触れたチャンドラーの三つ叉投資の概念で考えれば、「マネジメントへの投資」に相当するものである。

前述したように、イノベーティブな活動も事業規模が拡大していけば、ある時点でイノベーティブではない経営管理を実施する必要性に直面するものと考えられる。したがって、マニュアル整備のような取り組みも、イノベーションと無関係ということは出来ない。だがそのような前提で議論したいのであれば、前述のようにイノベーション・プロセスの全体像を提示しておく必要があるだろう。

同じシンポジウムの座長解題である齋藤（2017）は、イノベーションを意図的に起こすことが難しいという考え方に対して「イノベーションの発生は直感と幸運に頼るという不可知領域に入ってしまう」と述べ、それに続いて「イノベーションとは起業者の勘に頼る偶発的なものであってはならず、努力してトレーニングを積めば誰にでも実践できる体系的な取り組み」だというドラッカーの考え方を引用している。この「誰にでも実践できる」という見方は、すでにみてきたシュンペーターのアントレプレナー像とは対照的である。

しかし、青果物産地がおこなうイノベーションについては、トレーニングを積めば実践できるという個人の問題だけではなく、多くの主体による連携

34

第1章　ボトムアップ型産地技術マネジメントの概念について

のあり方が重要な問題となる。本書において、こうした主体間の連携の一部を産地技術マネジメントとして研究対象とすること、主体間の連携の全体については産地イノベーション・システムとして捉えることはすでに述べたとおりである。

　イノベーションを担う主体として、個人ではなくシステムを想定するのは研究の着眼点、あるいは分析の単位を変えるということであって、現実の経済活動において個人の資質と遂行されるイノベーションの質・量とのあいだに密接な関係があることを否定するものではない。また、個人ではなくシステムに注目するといっても、事例分析をおこなう際には、システムの基本的な構成単位としての個人を重視せざるを得ない。システムという概念は全体性を重視するものではあるが、事例分析においては、多かれ少なかれシステムを構成する個人に注目した要素還元論的な方法をとらざるを得ない。

　したがって、イノベーション主体をシステムとして捉える本書においても、個人の資質の問題を考慮することが必要となるが、これについてはロジャースの普及学にもとづいて議論を進めることとしたい。

　ロジャースは、イノベーションがある社会システムのなかで採用されるとき、その成員にみられるイノベーション[33]の採用時期の差を「革新性」の相違と表現した。そして、革新性が最も高いものをイノベータとよび、そこから革新性が低くなる順に初期採用者、初期多数派、後期多数派、ラガードの5つの採用者カテゴリーに区分した。

　採用者カテゴリーの概念について注目すべきことは、採用者カテゴリーが分化する理由である。多くの場合、イノベータのカテゴリーに属する少数の成員からイノベーションの導入が始まるのは、先行して導入した例を観察して成功が確実なイノベーションを導入しようとする行動に合理性があるため

---

(33)ロジャースのイノベーションは、シュンペーターのいうそれとは全く別の概念であり、新しいと知覚されるものすべてを含んでいる。普及学における「イノベーションを採用する」というのは自らイノベーションを起こすことではなく、模倣のカテゴリーに含まれる行為も多い。

だろう。

　こうした行動は、経済学的にはリスク選好度の個人差として説明されるが、その場合には、リスク選好度が低く新技術の導入が遅い農業経営者の行動が非合理的とは必ずしもみなされない。リスク選好度が高いのが経済合理的であるとか、経営者として望ましい態度であるという考えは、一般的ではない。

　イノベーションを促進するという観点から個人の能力を論じる場合には、そのための能力をいかに高めるかに関心が向けられるが、産地という単位で考えるならば、そこに集積した農業経営者のすべてが高い革新性を有する必要はない。

　いうまでもなく、有望であることが明確になった技術については、早期に普及率を高めることが望ましい。しかしそのための方策として、農業経営者個人の属性としてのリスク選好度を高めることを企図するよりも、共販組織の仕組みの中で普及促進策を講じる方が実現可能性や妥当性が高いであろう。

　本書の事例分析ではロジャースの用いた概念をもとに「革新的農家」という用語を用いるが、そこではさしあたり他の農家よりも積極的に新技術の導入や改良をおこなう意欲があるかどうかを問題とする [34]。そして、そのような個人が産地内に少数でも存在することが、産地イノベーション・システムを通してイノベーションを実現するための最低限の要件と考える。

　これは、産地に貢献しようとするリーダー層農家の能力や資質の重要性を否定しようとするものではない。実際に本書の事例分析でも、革新的農家について、学歴や意欲などの点で他の農家と異なる特徴があることを指摘している。本書で主張したいのは、そのような個人的資質に注目するだけでなく、リーダー層が活躍するにあたって周辺の主体と構築する関係性を分析対象とすることの重要性であり、そのような関係性を分析するための概念が産地イノベーション・システムということになる。

---

(34)ロジャース自身が採用者カテゴリーを提唱したのは、個人的属性の分析に関心があったことによると解されるので、本書はロジャースの意図とは異なる形で採用者カテゴリーを利用するものといえる。

第1章 ボトムアップ型産地技術マネジメントの概念について

3．ボトムアップの分析枠組みとしての共同利用施設説

1）ボトムアップをどのように考えるか

　農協の場合、ボトムアップにおける「下」というのは、組合員のことを指す場合が多いと思われるが、営農等の現場に近い位置で活躍する職員をも含めることも可能であるし、その方がより協同組合らしいボトムアップのあり方と考えることもできる[35]。さらに、連合会組織との関係に注目すると、単位農協全体を「下」とみなすこともできる。

　このように、ボトムアップにおける「上」と「下」は相対的なものである。また、ボトムアップと対になる概念にトップダウンがあるが、両者は同一の組織において両立が可能なものである。行き過ぎたトップダウンがボトムアップを阻害するということはあり得るが、ボトムアップが実現されていない状態をトップダウンとよぶわけではない。

　ボトムアップは広範で多義的な概念であり、本書でその総体を分析対象にすることはできない。そこで本書では、ボトムアップという場合の「下」の範囲を組合員に限定して考えることとする。

　具体的には、本書では次の2つの条件を満たす状態を、農協においてボトムアップが実現された状態と捉える。1つ目の条件は、組合員が農協の活動

---

[35]筆者は、農協職員を組合員の使用人のように扱うのではなく、協同運動の同志とみなすべきであると考えている。組合員か職員かによらず、人間を大切にする姿勢を示さない組織が、協同の精神を唱えても説得力はない。多くの農協では職員が疲弊しており、「自己改革」に取り組むための活力さえ失われつつあることを考えれば、理念の面からだけでなく現実的な農協経営の面からも、職員の地位向上は優先的に取り組むべき課題である。一般企業を対象とする経営学では、従業員の能力開発やモチベーション向上は重大な関心事となっている。これに対し、農協を対象とした場合には、農協研究者にも、農協系統組織にも、政府系諮問機関をはじめとする農協改革派にも、職員の能力をいかに高め引き出すのかという問題を大きく取りあげるものが少ないのは残念なことである。

に主体的に参画しようという意欲を有することである。ここで参画というのは、単に事業利用率が高いことや定例的な行事に出席するだけではなく、より積極的に農協に関わろうとすることである。例えば、農協に対して建設的な意見や提言を伝えることや、事業の一部を直接的に担うこと、定例化したものではなく明確な目的を有する活動に参加することである。

　2つ目の条件は、農協の事業や組織運営において、1点目にあげたような組合員の参画を実現するような仕組みが公式・非公式に設けられていることである。単に参画が可能であるというだけでなく、それを動機付け促進するような仕組みがあればより望ましいと考えられる。

　以上の定義を採用した場合、何が「上」に相当するのかを特定することは、それほど重要ではない。「上」となる可能性があるのは、職員、役員、地方自治体、政府、農協連合会など様々なものがあげられる。しかしそれらは、組合員が農協事業に参画するための仕組みを作ろうとする場合に、必ずしも直接的に対立する相手ではないからである。

　現実的には、独断専行型の職員や役員の存在によってボトムアップが実現できない場合も多いかもしれないが、ボトムアップを阻害する要因は、そのような属人的な要素だけでなく様々なものがある。そのうち構造的な要因の一部については、後の項で新制度派組織論の概念を用いながら論じることにする。

　ボトムアップを以上のように考えた場合でも、具体的にどのような形でそれを実現するのかには、多様な方法が考えられる。さらに、実際に青果物産地を事例として産地技術マネジメントをボトムアップの観点から分析する際には、何がどうなっていればボトムアップといえるのか、ボトムアップを可能にしている要因を解明するにはどのような要素に注目すれば良いのか、といった分析の枠組みを検討しておく必要がある。

　本書では、協同組合の企業形態に関する理論である「共同利用施設説」を援用し、そこから事例分析においてボトムアップを評価するための枠組みを導き出すこととしたい。

2）共同利用施設説の概要

　共同利用施設説は、R・リーフマンによる「共同の事業経営に依り組合員の家事または営利経済の助成もしくは補充を目的とする経済」という協同組合の性格規定の影響を受けつつ、Phillips（1957）により提唱されたものである[36]。

　フィリプスの共同利用施設説は、協同組合の経済的性格を、企業や家計がそれらの経済的目的を追求するために設立する「共同利用施設」であると規定した。そこでは、協同組合は独立した企業ではなく組合員経済の一部であると考えられている。

　この共同利用施設（joint economic plant）という用語は、選果場やライスセンターなどの具体的な農協施設を指すものではない。例えば工場や事業所など企業の「施設」は、それぞれで完結した運営体制がとられていたとしても、それらはあくまで企業の一部分である。そうした「施設」を複数の企業が共同で設置しても、それが企業の一部としての施設である事に変わりがないのと同じように、協同組合も複数の組合員が共同で設置した「施設」であると考えるのが共同利用施設説である。

　こうした捉え方は、協同組合と一般企業との本質的な差異が大きくないという考え方に結びつく。フィリプスの意図はこの点にあり、企業を対象とする経済学を協同組合に適用することで、協同組合主義的傾向の強い研究動向とは異なる方向性を打ち出す意図を持って、この学説を展開したものと解される。

　こうした考え方から、共同利用施設説はその源流であるリーフマンの理論とともに、多くの批判を受けることになる。協同組合の人的結合体や運動体としての性格を無視しているという批判である。

　そうした批判を踏まえつつ、共同利用施設説からフィリプスとは全く異な

---

(36)山本（1974）pp.181-182を参照。

る含意を引き出したのが山本修氏である。山本（1974）は、協同組合が組合員経済の一部であるという考え方を引き継ぎながら、そこで共同がおこなわれる基盤には人的結合があるとの見解を示した。そして、この考え方を協同組合の企業化傾向に対抗する原理として位置づけた。つまり、協同組合は組合員経済の一部であることから、それが利用者としての組合員経済に「従属」するものであると主張したのである。

　山本の議論に対する批判としては、協同組合が組合員経済から独立した主体であるとしても、それを組合員が統治してゆく方法はあるのだから、共同利用施設説の立場によらなくても、協同組合の営利企業化の必然性を否定することは可能であるというものがある[37]。さらにそれを受けて青柳（1990）は、共同利用施設説の意義が、協同組合企業説を否定する論拠となることではなく、利用者主権の重要性を示したところにあるという考え方を示した。

　山本の所説において、協同組合が共同利用施設であるという意味は必ずしも明確ではない。藤谷（1998）は、先述した批判のほかに「何故に、またいかなる意味において、協同組合が個別組合員経済にとっての共同利用施設であり、組合員経済に従属する組織であるのかについては、必ずしも十分な立論がなされていない」とも述べている[38]。

　制度・形式上からいえば、農協が法人格を有する自立した組織であることは明らかであるから、組合員経済の一部であるというのは抽象的な経済的性質のことを指すものと解される。

　本書では、共同利用施設説そのものが何を意味しているのかは、その提唱者のフィリプスが提示し山本（1974）にも引用されている図1-4にもとづいて考える。この図において、円形を構成している三角形が個々の組合員を示しているが、中心部は統合されて共同利用施設＝農協を形成している。

　山本（1974）は、フィリプスの共同利用施設説を紹介する部分では、協同組合と組合員経済の関係が「垂直的統合関係」にあることを主張する学説と

---

(37) 藤谷（1998）p.72

(38) 藤谷（1998）p.70。

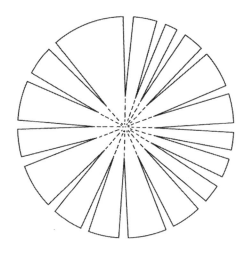

図1-4 共同利用施設説の概念図
資料：R.Philips（1957）p.145より 一部記号を省略して引用。。

説明しているが[39]、自らの所論を展開する部分では、「組合員個々の経済・意志に文字通り受動的に従う」ことを理論の内容としている。

　このズレが先にみた藤谷の批判を招いた一因と思われるが、**図1-4**をもとに理解するならば、共同利用施設説から直接導き出されるのは前者の内容であって、山本が主張する後者はそこから導かれる可能性である。

　それでは、組合員経済と農協事業が垂直的統合関係にあるというのは、具体的にどのような状態を指すのであろうか。本書では、この関係が農協事業のなかでも販売事業と利用事業に典型的に成立し、他事業には該当しないものと考える。そして、本書のテーマである産地技術マネジメントは、販売事業と関係が深いものであり、それと同様に共同利用施設説の適用が可能であると考える。

　本書が提起する共同利用施設説の解釈については、販売事業と信用事業を対比させながら説明する方が理解しやすいと思われる。そこで以下では、共

---

(39)山本（1974）p.184などを参照。

販組織のおこなう産地技術マネジメントが共同利用施設説によりどのように解釈されるのかを述べる前に、販売事業と信用事業についてそれぞれの事業を共同利用施設説の立場から分析しておきたい。

3）事業別にみた共同利用施設説の実現可能性

（1）販売事業

販売事業が果たしている機能は、農協がなければ農業経営者が自ら担うはずのものである。この販売業務を垂直的に分化させ、さらに共同化したのが農協販売事業であり、そのために農業経営と販売事業は高い一体性を有するものとなる。

リーフマンやフィリプスらは、組合員の産出物がそのまま販売事業の投入物になっていると考え、両者の間には市場は存在せず企業内部における中間生産物の移動と同様であるとした。

これは販売事業と組合員の経営の一体性をよく捉えた考え方ではあるが、現実の農協のあり方を踏まえると、特徴をやや極端化しすぎているように思われる。ある程度の規模の産地であれば、農協から脱退せず購買事業や信用事業は利用しつつ、農協以外の出荷先を検討しようとする農家が常に存在するのが、現実的な想定ではないだろうか。そうであるならば、組合員と農協とのあいだに市場がまったく存在しないということはできない。

あまりに純粋で極端な理念型を想定しても、事例分析の枠組みとしては応用性に乏しくなる。そこで、本書では農協の販売事業が共同利用施設説的であることの意味内容と、そこから導かれる含意について、下記のように考える。

① 農協販売事業が共同利用施設説的であるための基礎的要件（1）

農協事業を組合員の農業経営の一部を共同化したものと捉えることが可能なこと。

② 農協販売事業が共同利用施設説的であるための基礎的要件（2）

農協事業と組合員の経営には同質性が維持されていること。共同化し日

第1章　ボトムアップ型産地技術マネジメントの概念について

常業務を農協職員に委託することで両者の一体性は低下するが、それぞれが同一の業務フローの上流と下流を担当し直接的に接続されているという関係になる。同質であるかどうかの判断も厳密には相対的なものとならざるを得ないが、後述する信用事業などと比較すれば、同質性が高いことは明らかである。この①②の内容が、フィリプスや山本による「事業と組合員経営の垂直的統合」という表現の具体的内容であると考える。この垂直的統合は、組合員が事業に対する当事者意識と関心を維持する根拠となる。

③　農協販売事業が共同利用施設説的であるための基礎的要件（3）

①②の性質は、一般的な販売事業には備わっているものだが、それだけをボトムアップの判断材料としていたのでは形式論にとどまってしまう。その実質を判断するためには、組合員が農協事業を自己の経営と一体的なものとして認識し、主体的に事業運営に参加し事業の改善に寄与しようとする意識をもっているかどうかが問われなければならない。

これは組合員の意識の問題であるので、客観的に検証することが困難であるが、ボトムアップ型の事業運営の形式ではなく内実を検討しようとするのであれば、避けて通ることのできない問題である。

前節でアントレプレナーに関する「属性アプローチ」を批判したことは、本書が人間の意識の問題を取りあげることに否定的であるような印象を与えたかもしれない。しかし、前節で指摘したかったのは、農業におけるイノベーションの議論において個人の能力に多くを期待しすぎている一方で、その個人をとりまく仕組み＝システムに関心が向けられていない点である。

農協のあり方を議論する上では、個人の意識を含む属人的要素に関する問題は、これまでむしろ軽視されすぎていたと考える。

④　事業への直接的な参加可能性

本書で直接的な参加というのは、事業に関わる業務について、農協職員に委任するのではなく組合員自らが担うという意味での参加であり、意見を表明するよりも参画の度合いは大きい行動と位置づけられる。

事業が共同利用施設説的である場合には、このような参加がおこないやす

43

くなる。農協事業と組合員経済との同質性が維持されており、直接参加に必要な知識・技能等の面でのハードルも低いと考えられるからである。

本書がこのような直接参加を重視し注目するのは、次の2つの理由による。

まず1つは、直接参加には事業の共同利用施設説的な性格を強化する作用が期待できることである。

農協事業と組合員経済の同質性が高いといっても、それは他事業と比較した場合の相対的な特徴であり、両者がまったく同一であるわけではない。ほとんどの場合、共同利用施設説の批判者が指摘してきたような[40]、共同化にともなう量的・質的変化は避けられない。その場合でも、組合員が事業の一端を直接的に担っていれば、事業のブラックボックス化がある程度避けられ、組合員の当事者意識も高く維持されやすいと考えられる。

直接参加に注目する2つ目の理由は、共同利用施設説の観点から事例を分析する際に有力な指標となりうるからである。前項③にあげた意識の問題は客観性をもって検証することが難しい。この問題に対しては、アンケートを用いた分析も有力であるが、組合員の実際の行動を裏付けにして検証することも可能であろう。そのような行動として、各種会合への出席率やそこでの発言頻度などもあるが、事業への直接的な参加の有無は、組合員の主体性に関するより直接的かつ顕著な指標となる。

もちろん、事業への直接参加といっても、ルーティン化された組織慣行として輪番的な出役がなされる場合には、組合員の主体性は高いものとは考えられないため、実態に即して判断する必要はある。しかし、既存研究においても、組合員自らが業務を担うことに、共販組織に対するロイヤルティを形成させる効果があることが指摘されている[41]。事例分析において組合員の主体性を評価する重要な指標の1つとみなすことは可能であろう。

なお、共同利用施設説的な性格がもたらすのは直接参加の可能性であって、実際にどこまで組合員参加がおこなわれるかについては、事業の実態に即し

---

(40)山本（1974）p.191で紹介されているR・トリフォンの批判がこれに相当する。
(41)西井（2006）pp.84-89を参照。

第1章　ボトムアップ型産地技術マネジメントの概念について

て効率的な方法がとられるべきであろう。そのため、組合員の直接参加がみられないことをもって直ちに共同利用施設説的でないと評価されるわけではない。

⑤　共同利用施設説的な性格を維持するためのフォーマルな組織構造

④で述べたような事業への直接参加は重要な要素だが、事業を生産者自身の手で運営してゆくには、意志決定の手続きにおいてもそれが保証されていなければならない。青果物の販売事業では多くの場合、それに協力する部会組織などにそのような規定が設けられているため、この要件は形式的には満たされるが、それが形骸化していないかどうかが問題となる。

⑥　共同利用施設説的な性格の喪失と組合員の顧客化

④や⑤のような性格が弱体化すると、組合員の主体性も失われてゆく。これが進行すると、いわゆる「組合員の顧客化」という状況に近づく。

　本書が共同利用施設説をどのようなものと考え、そこからどのような含意をひきだそうとしているのかは、上記の点に集約されている。本書において農協の販売事業が共同利用施設説的であるというのは、直接的には①、②、③が満たされた状態であるが、それが継続的に維持されるためには④、⑤の性質も備えている必要がある。

　これまでの論者が主張してきた共同利用施設説との関係では、フィリプス・山本の議論から協同組合と組合員経済の一体性・垂直的統合という考え方を受け継ぎ、青柳の議論から利用者主権の考え方を受け継ぐものとなっている。

　一方で、従来の議論と異なるのは、理論を厳格に適用した結果、共同利用施設説が該当しうるのは販売事業と利用事業であると考え、信用・共済事業や購買事業は共同利用施設説的性格を持ち得ないと考えることである。これについては、後述する。

　従来の議論とのもう1つの相違点は、この理論を協同組合が特定の傾向を持つように作用する法則ではなく、ある種のボトムアップ型事業運営を可能とする基礎条件が満たされているかどうかを評価するための指標として用い

ようとしていることである。④および⑤のような状況は、協同組合であれば必然的に生じる傾向とはいえ、組合員や職員の意識的な努力がともなわなければ得られないものである。共同利用施設説に限らずかつて盛んに議論されていた農協理論の影響力が低下したのは、理念に依拠する一方でこのような主体的条件を軽視し、可能性・必要条件に過ぎないものを必然的傾向・十分条件として過大評価し、一足飛びに社会的・経済的法則として定立しようとしたことが一因であろう。

（２）信用事業

　共同利用施設説の適用可能性について、販売事業とわかりやすく対比できるのが、信用事業である。信用事業が提供する金融サービスは農業経営にとって必要なものであるが、それは一戸の農業経営の内部で完結し得ない機能である。信用創造機能をはじめとする金融機関としての機能は、本質的に経営外に存在する預金者や資金需要者との関係において遂行されるものだからである。

　したがって、信用事業は組合員の経営の一部を分離して共同化したものとみなすことは出来ず、事業と農業経営の関係を**図1-4**のように示すことは出来ない。信用事業は、農業経営が内製化できない機能について、それを供給する事業体を新たに設立したものと考えることが適当である。したがって、信用事業における組合員と事業の関係は、**図1-5**のようになる。

　この相違は、信用事業に共同利用施設説を適用することが難しいことを示している。貸金業者が組合を設立したのならば、その組合のおこなう金融事業に共同利用施設説を適用することは可能かもしれないが、農協は農業者の組合であり、一般的な組合員は金融事業をおこなっていない。そのため、信用事業は組合員の経営と異質性が高いものとなる。

　さらに、事業に対する組合員の関心は、自己が組合の事業を利用する際の条件（例えば利率など）の面と、所有者としての立場からの経営の健全性や収益性（出資配当）の面の２つの側面に分化する。販売事業の場合には、事

第 1 章　ボトムアップ型産地技術マネジメントの概念について

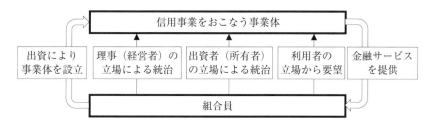

図1-5　信用事業における事業と組合員の結合形態
資料：筆者作成。

業を自己の経営の一部ないし延長線上のものとして捉えることが、事業に対する当事者意識や参画意欲を高める可能性があることを指摘したが、信用事業において組合員がこのような関心の持ち方をすることは難しい。

　信用事業を直接的に統治できるのは農協経営者としての理事であり、利用者の立場でできることは限られている。また、窓口業務や与信審査などの業務を組合員の出役によっておこなうことができないように、業務への直接参加の機会も限られる。信用事業においてこれらの特徴をもたらしている理由は、新制度派組織論においてMeyer & Rowan（1977）により提唱された「正当性」（legitimacy）という概念によって説明することができる。

　正当性とは「社会的に構成された規範、価値、信念のシステムのなかで、ある主体の行動が望ましく妥当であるという一般化された知覚または仮定」を意味している[42]。組織は、「制度的環境」からの要求を組織のあり方に反映させることにより、組織内外の人々から正当性を認められることができる。

　ここでいう制度的環境とは、「社会に広く認知されている価値や規範といった文化的要因」であり、具体的には法律や規則、行政指導、世論などである。正当性の定義が「知覚または仮定」となっていることが示すように、新

---

(42) 涌田（2015）p.228。なお、本書では「正当性」と表記したが、「正統性」とする文献も見られる。いずれもMeyer & Rowan（1977）の「legitimacy」の訳語である。

47

制度派組織論が注目するのは、人々がそのことを主観的に望ましいと考えるかどうかである。つまり、法規や監督省庁からの指導、世論に従うことは、それが組織の実質的な効率性・有効性を高める程度にかかわらず、組織として正当性を調達するために必要であるという考え方である。

　組織がどの程度の正当性を調達する必要があるのかは、様々な要因に左右される。農協信用事業の場合、要求される正当性の水準を引き上げる要因として、次のようなものがあげられる。

　まず、想定される利用者が限られた組合員から全組合員へ、そして准組合員、員外利用者と広くなり、不特定多数に近づいてゆくことである。不特定多数で合意をすることは不可能だから、それにかわって正当性が組織決定の根拠として用いられるようになってゆく。

　次に、事業に問題が生じたときに農協の経営や社会に与える影響の大きさがある。これに関連して、過去に生じた不祥事も、累積的に正当性の要求水準を高めるであろう。

　協同組合金融の原初的形態である無尽などが仲間内でおこなわれる場合には、具体的な事業の方法は参加者の話し合いによって決定され、現預金の管理などの実務も参加者のなかから担当者を決めておこなっても問題とはならない。これは、参加者が特定され少人数である無尽では、直面する制度的環境がせまく、参加者の合意があれば実務担当者を決定するために十分な正当性を調達できるからである。

　これに対して、一般的な信用事業では、事業を統治する立場の者には高い水準の正当性が要求されるようになる。そのような立場にあるのは、法令や慣行などに従って選出され組合員の承認を受けた理事である。農協理事とは、農協の経営者であることに正当性を与えられた存在であると考えることができる。

　職員についても同様であり、組合員が担うことができない窓口業務や与信審査を職員が担えるのは、そのための正当性を与えられた存在だからである。これらの業務を担当する正当性を職員が有する根拠として、法規やJAバン

48

第1章　ボトムアップ型産地技術マネジメントの概念について

クシステム等の制度に従っていることがあるが、それだけではない。取り扱う業務が複雑である場合には、その業務をプロフェッショナルが担う事も、制度的環境からの要求の１つである。農協職員は、組織の人事システムを通じて採用され、必要な研修や訓練により専門性を身につけた存在であるとみなされることにより、正当性を与えられる[43]。

　正当性とは形式的な要素をはらむものであるため、高い水準の正当性を要求することはガバナンスが形骸化する要因となり得る。この「形骸化」に近い概念として、Meyer & Rowan（1977）による「脱連結」（decoupling）というものがあり、タテマエとしての公式制度と実態が切り離されるという意味で用いられている。

　新制度派組織論において、脱連結をどのように評価するのかは定まっていない。坪山（2012）は、組織が制度的環境から都合の悪い要求を受けた場合に、それをやり過ごす手段として脱連結を位置づける研究が近年多くみられることを指摘している。この場合には、脱連結は要求に従っているように見せかける手段として用いられることになる。

　しかし、Meyer & Rowan（1977）が示した当初の脱連結の概念は、このような性格のものではなく、むしろ組織の構成員間やステークホルダーとのあいだに信頼関係が築かれていることを前提としていた。組織が、目的とそれを達成するための規定を公式に掲げていても、構成員はその全てに従わずにインフォーマルに課題を解決してゆく。それが許されるのは、組織の構成員のあいだに、各自は誠実に職務を果たすよう努力するという信頼関係が成立しているからであると考えられていた。

　このような信頼にもとづく脱連結は、組織の目的や手段についての合意形成に関して過度な労力を割き消耗することを避けつつ、組織が一定の成果をあげてゆくための方策として前向きに捉えることができる。

　したがって、信用事業において脱連結が生じやすいとしても、それが信頼

───────────────

(43) 業務のプロフェッショナル化が組織のあり方を規定し、その結果似通った組織がみられるようになることを「規範的同型化」とよぶ。東（2004）p.85参照。

49

関係に依拠するものであれば、協同組合らしい事業のあり方を実現することは可能だろう。しかし、その場合でも共同利用施設説的な事業運営を実現することは難しい。組合員による直接的な統治や事業参加の余地が乏しく、制度的環境からの制約のために組合員がおこなえる意志決定の範囲も限られてしまうからである。

　これに対して販売事業は、事業利用者の合意で決定できる範囲が相対的に大きく、事業にとって実質的な意味を持つ決定をすることができる。共同利用施設説では、組合員が利用者の立場から事業を統治することができるが、これは、事業利用者の合意があれば、それ以外のステークホルダーからの干渉をあまり受けずに意志決定が可能なことを意味している。このことにより事業利用者の当事者意識が高まり、組合員の意志決定への参加を促すと期待されることが、利用者の立場からの統治を重視する理由である。言い換えれば、「利用者自決」の原則を貫けるということが、共同利用施設説が成立するための条件である。

　以上のような新制度派組織論の議論は、農協においてボトムアップの実現を妨げる要因が、独断専行型の役職員といった人的要因以外からも生じることを示唆している。農協が組織として守るべき規範を突きつけられたとき、その内容が社会的にみて妥当な内容であったとしても、規定や業務マニュアルが積み上げられることで、組合員の主体性を阻害する要因となり得るのである。

　信用事業の性質を考えれば、このこと自体はある程度やむを得ないとせざるを得ないだろう。問題は、形式上の正当性に依拠するような事業や組織運営の方法が、組織全体に文化として根付いてしまい、制度的圧力が弱く利用者が主体性を発揮できる事業・分野まで、形式主義的な運営方法に染め上げられてしまうことである。

（3）産地技術マネジメントと共同利用施設説

　ここまで、共同利用施設説の考え方を端的に説明するために、販売事業と

第1章　ボトムアップ型産地技術マネジメントの概念について

信用事業を対比してきた。産地技術マネジメントについては、販売事業に付随する取り組みとして位置づけられ、基本的には共同利用施設説的に運営されることが可能と考えるが、以下ではもう少し具体的に検討しておきたい。

産地技術マネジメントの具体的内容は次節で述べるが、主要な取り組みである新技術の導入に関しては個別経営でもおこなわれている。この取り組みを共同化し組織として取り組むようになったとしても、活動内容が大きく変質するわけではない。

もう1つの主要な取り組みとして、産地内に技術を普及させてゆく活動がある。この活動に農家が主体的に参画するという場合、その具体的な内容として想定されるのは、普及すべき技術と普及促進策を決定する意志決定への参画である。さらに、農家が普及活動そのものに直接参加することも可能で、農家が技術講習会等を主催したり、相互に技術を教え合うといった活動がある。他の農家に対して技術普及活動をおこなうことは、通常は個別経営ではおこなわれないが、技術・技能を他者に伝達すること自体は、家族間や雇用労力とのあいだでおこなわれていることである。

以上の活動については、農家がおこなうものと産地技術マネジメントとして組織的におこなわれるものとのあいだに大きな質的差異は見られない。したがって、共同利用施設説の基礎的要件①である、組合員経済と事業の同質性を満たすものと考えることができる。

②の条件については、川下側を農協職員に委任し川上側を農家が担うという単純な垂直的分業ではないかもしれないが、技術的側面も含めた生産体制の確立から販売へと至る一体性の高い業務フローのなかに産地技術マネジメントを位置づけることは可能である。したがって、事業と組合員の垂直的統合関係は維持されているとみることができる。

このように、産地技術マネジメントとそれに参加する農家のあいだには、活動の同質性や一体性・連続性があり、そのことが農家の当事者意識を高め主体的な参画を引き出すことを期待することも十分に可能と考えられる。

産地技術マネジメントは、以上のように共同利用施設説的であり得るだけ

51

でなく、④の活動 [44] への直接参加の可能性と意義も大きい。

　直接参加の可能性が実現するかどうかを左右するのは、組合員が直接業務を担うことの有効性や効率性である点はすでに指摘した。販売業務において、例えば収穫・出荷時期における出荷先への連絡調整については、農協職員に委任することには業務の効率および販売先との関係構築などの面で一定の合理性がある。

　このように、販売に直接関わる業務には、特定の人物が専門性を高めつつ継続的に担当することに合理性があるものも多いし、その合理性は農家数が多くなれば高まることが想定される。販売業務において農家が直接参加する事例も報告されているが [45]、そのような事例はかなり小規模な共販組織に限られている。

　これに対して、産地技術マネジメントについては、多数の農家が業務に直接関わることの合理性は相対的に高いと考えられる。この活動においては、担当者の専門性は高い方が望ましいであろうが、少数の担当者に集約することによる業務効率の向上はあまり期待できない。活動の有効性や効率性を大きく左右する要因として重要なのは、新しい技術を採用し実用化しようという農家自身の主体性である。

　さらに、産地の規模が大きくなり農家の人数が増えると、販売業務の場合とは逆に農家の直接参加のメリットが大きくなることも期待できる。共販参加者数が多くなれば、農協の技術担当職員数は農家1人あたりでみるとどうしても減少するであろう。その一方で、勉強会や講習会など、農家による主体的な学習・相互研鑽の活動については、支部や班を単位として参加人数を調整することで、実効性を維持することが期待できる。

---

(44)本書では、農協側から産地技術マネジメントを見た場合、それは独立した事業ではなく販売事業に付随する活動と位置づけられると考えている。したがって、産地技術マネジメントへの直接参加の場合には、「事業」ではなく「活動」という用語を用いる。

(45)西井（2006）pp.84-89を参照。

4）共同利用施設説の問題点

　本書では、共同利用施設説的な農協事業のあり方について、基本的には望ましいものと捉えている。しかし、農協の全ての事業において、共同利用施設説的な事業運営を追求すべきとまでは考えない。信用事業を例に説明したように実現が難しい事業があることもその理由の１つであるが、共同利用施設説にも問題点や限界があるからである。この点について、組合員が事業を利用する際の求心力の観点から検討しておきたい。

　ここで求心力というのは、組合員もしくは准組合員・員外利用者が、何を求めて農協に結集したり、事業を利用するのかを指している。この求心力は、組合員がどのように組織され事業を統治してゆくのかに影響を及ぼすと考える。

　表1-1では、求心力を３つの類型として整理した。

　１つ目の求心力は、社会的・経済的インフラの提供である。これは、個別の農業経営では自給できない経済的あるいは社会的機能を利用するために、それを供給する事業体を設立するというもので、すでに述べた信用事業はこれに相当する。この求心力が強く作用する事業においては、基本的には共同利用施設説的な運営をおこなうことは難しいであろう。

　これが該当する事業は、多くの場合地域の社会的・経済的インフラの機能を果たし、公共性を帯びるようになるのが特徴である。地域のインフラとな

表 1-1　農協における求心力の類型

求心力	特化による問題	欠如による問題
社会的・経済的インフラの提供	公共サービス提供機関化	公共性を前提とした制度・運動との不整合
私経済擁護	公共性の喪失・経済利害による閉鎖性	組合員の主体性の喪失
特定理念の追求	理念を共有しない者に対する閉鎖性	理念から生じる組織の魅力の喪失

資料：筆者作成。

った場合、必要とする者は誰でもその事業機能に容易にアクセス出来ることが求められる。

公正取引委員会が、資材購買事業等を利用しないことを理由に組合員が農協から融資が受けられないといった状況について、ガイドライン等で否定的な見解を示しているが、この見解は農協事業の公共性の観点からも正当化されるであろう。

2つめの求心力は、私経済の擁護である。これは、個々の組合員でも遂行が可能である経済活動について、共同化することでより効果的に利益を得ることを目的に共同化するものである。この求心力そのものは、公共性に配慮した事業運営をしようという動機を持たない。

この求心力と、共同利用施設説的な事業運営が結びつくとき、農協の事業には閉鎖性が生じる場合がある。つまり、誰でもその事業にアクセスできるようにするよりも、私的利益を最大化できるように事業利用者を選別しようという動機が生じうる。

共同利用施設説が典型的に適用可能な事例として、出荷組合や専門農協があると考えるが、これに対する批判として次のようなものがある。それは近藤（1966）の「専門農協および出荷組合は、あるいは特定市場の特定問屋との結合を通し、あるいは篤農的技術を通し、あるいは乳業資本の資本と技術を通して閉鎖的乃至排他的」であって、「それらが商業的農業の進歩の面をもったのも、そういう技術や資本との結合ができた限りであるから限度がある」、「農民としての横の連帯性を拒否したところに存在理由を持った組織は、農民組織としては重大な欠陥をもつものである」という指摘である[46]。

私的利益擁護という求心力からこうした閉鎖的傾向が生じることに対する批判は、これまでも見られたことであるが、共同利用施設説はそのような閉鎖的傾向を正当化する論理ともなり得る。

事業が組合員経済とは別個の事業体として営まれている場合は、その事業

---

(46)近藤（1966）pp.178-179。

第1章　ボトムアップ型産地技術マネジメントの概念について

を利用できるかどうかは直接的には組合員と事業体との2者間の問題である。しかし、本書における共同利用施設説の解釈では、事業が共同化されていても組合員経済の一部としての性質を残していると考える。その場合には、誰が事業を利用可能かについて判断する権限は、組合員に留保されることになる。なぜならば、誰と事業を共同でおこない、誰と共同しないのかを自らが決める権限は、どのような事業者であっても有していると考えられるからである。

　独占禁止法の観点からいっても、市場占有率等の観点から企業間の共同が認可されないことはあり得るが、望まない相手と共同で事業をおこなうことを当局が強制することは正当化されないであろう。この意味で、共同利用施設説的に運営されている部会組織等が除名などの措置をとることに否定的な公正取引委員会の見解は、正当化されないように思われる。

　こうした考え方は、協同組合的な価値観と矛盾するかもしれないが、協同組合論の文脈を離れれば、排他性は必ずしも非難されるものと考えられてはいない。

　例えば、中小企業によるイノベーション促進のためのネットワークを研究した水野（2015）は、ネットワークの構成員を選別する基準として、共同の目的・意義を理解し共有できること、メンバー間において事業分野の競合が生じないこと、ネットワークに過度に依存しフリーライダーとなるおそれがないことなどを指摘している[47]。そこでは、メンバーの選別は必要悪でさえなく、むしろ組織の成功に向けた創意工夫として肯定的に捉えられている。

　事業体のあいだで共同をおこなおうという場合、水野が指摘したような条件を設けることなくメンバーを拡大すれば、事業の成功が困難になる可能性が高いことは、容易に想定しうることである。

　なお、ここで述べてきたような公共性の欠如と私経済擁護への偏重の傾向が、全ての農協販売事業に備わっているわけではない。地産地消を推進する

---

(47) 水野（2015）〔kindle版〕No.5584-5588。

ための直売所など、私経済擁護と同時に公共性や理念を指向する事業のあり方も、現実に多く存在しているし、それらのなかには共同利用施設説的に運営されるものも多い。実際にどのような求心力により事業が展開されるのかは、その事業自体の性質と、組合員や農協職員がどのような事業にしたいかという意志を有しているかに大きく左右されるものである。

3つ目の求心力として、**表1-1**には特定理念の追求をあげてある。これは、特定の組合員が強く追求したいと考える理念を実現するための事業である。その理念が社会的に価値を認められたものだとしても、その理念の実現に積極的に関与する意志のある組合員が少なければ、その事業に参画したり利用するのは一部の組合員となる。具体例としては、ビジネス性よりも理念的な動機から取り組まれる有機農業や、生活福祉活動を通じた社会的弱者への支援などがあるだろう。

この求心力により展開されるのは、フォーマルな農協事業というよりは、任意の組合員グループの自主的な活動である場合も多い。そのため、その活動は共同利用施設説的な性格をもつことが多いと考えられる。理念追求の活動は組合員個々がおこなう場合と同質性を維持しているであろうし、参加者の当事者意識が高いことは当然である。そして、事業の実務を組合員自身が担うことは、この場合にこそ顕著な特徴である。

以上の3つの求心力について、どの求心力が農協にふさわしいのかを問題にすることはあまり意義がないように思われる。どの求心力も、わが国の総合農協にとっては必要だと考えるためである。

その理由は、**表1-1**に示したように、農協が特定の求心力のみに依存することには、デメリットもあるからである。

インフラの提供に関わる事業のみしかおこなわない農協においては、組合員に対して商品やサービスを一方的に提供することにより、農協事業に対する組合員の当事者意識の低下が懸念される。これは実際に多くの農協においてみられる現象である。

その一方で、インフラ機能の提供のような公共性の高い事業を全くおこな

第1章　ボトムアップ型産地技術マネジメントの概念について

わなければ、農協に公共性があることを前提に設けられた制度面での優遇や、これまでの農協運動の主張と齟齬が生じることとなる。

　私経済擁護を全く追求しなければ、経済的弱者による相互扶助の役割を農協は果たせなくなってしまうし、組合員が主体的に事業の発展に貢献しようという意欲も失われてしまう。

　特定理念の追求に特化することは、農協が運動体へと純化してゆくことであり、一般的な総合農協では想定しにくい。しかし、仮にそのようになった場合には、理念を強く共有するものでなければ参加しにくい閉鎖的な組織となる可能性がある。その一方で、理念を追求する活動は協同組合らしい価値観を発信することにつながり、組合員に限らず地域住民などをも惹きつける魅力を組織にもたらすであろう。

　以上のようなことから、3つの求心力のどれが農協にふさわしいのかを問うよりも、異なる性質の組織原理が1つの組織に共存できるような農協のあり方を考えることが重要ではないかと考えられる。

　その場合、事業の性格によっては複数の求心力を発揮しうるものもあるだろうが、多くの事業においては、複数の求心力を同程度に発揮しようとするよりは、中心となるものを明確にする方が有効であろう。そうしなければ、組合員に対する求心力が中途半端なものとなってしまうおそれがある。事業ごとに、あるいは販売事業でいえば品目や販売形態ごとに発揮する求心力が異なっていても、農協全体としてみれば様々な組織原理が併存しバランスがとれているというのが、現実的に目指しうる望ましい姿であると考える。

　以上を踏まえると、ここでの結論は次のようになる。共同利用施設説的な事業運営は、構成員の自発性などの面では本来的な協同組合のあり方に近いものとなるが、公共性への配慮を欠くことになる可能性もある。しかし、複数運営している事業のなかの1つとしてそのような事業運営があっても、農協全体の性格を根本的に左右してしまう問題とはならないということである。

　次項でみるアメリカ新世代農協のように、特定の求心力に特化することで強固な組織・事業基盤を獲得している例もみられる。しかし、わが国の総合

57

農協がこれまでに築いてきた有形・無形の資産を考慮すれば、とるべき方向性は複数の求心力を備えることのメリットを追求することであろう。

5）既存の農協研究との関係

以上で、本書の考える共同利用施設説の概要をひととおり述べてきたが、そのなかにはこれまでの農協研究で議論ないし言及されてきた点も含まれている。ここでは、そのような議論について触れておきたい。

共同利用施設説においては利用者主権が重視されるが、この点を徹底している例として、アメリカの新世代農協がある。

クリストファー（2003）によれば、典型的な新世代農協において、組合員には高額な出資が求められ、その出資額に応じた事業利用が組合員に義務づけられる。制限的組合員制がとられており、組合員となれるのは農協の創設に参加するか既存の組合員から権利を購入する者に限られる。

新世代農協は特定の事業分野に特化した経済活動をおこなうが、それは農産物の販売や加工事業であることが多いため、組合員経済との同質性・連続性という共同利用施設説の適用条件を満たしている。組合員が高額の出資をおこなうのは、組合の事業に対して自己の農産物を供給する際に有利な価格や、出資配当による事業利益の分配に期待するものであるから、組合員の当事者意識が維持されやすくなる。

本書の考え方と違うのは、新世代農協が組合員の所有者としての立場と利用者としての立場を統合しようとしていることである。既存の農協では所有権の意味を明瞭にしないまま複数の事業をおこなうことで問題が生じているという認識のもとで[48]、その解決のため所有権による権利と義務を明確に

---

(48)クリストファー（2003）は、所有と利用の二重性の問題に対する伝統的な農協の対処方法は、イデオロギーへのコミットメントや組合員教育と訓練であり、それらが限界に達したことが新世代農協の登場の背景となったと述べている。系統農協が打ち出したアクティブ・メンバーシップにおいて、組合員教育と協同組合理念の理解促進が基層におかれているのも、そのような側面で捉えられるだろう。

しようとするのが新世代農協である。このような所有と利用の実質的一体化のため、新世代農協では実施する事業の範囲を特定農産物の加工などに狭く限定している。

わが国の総合農協の場合、複数の事業を兼営しているために、出資により生じる義務や権利を新世代農協ほどに明確化することは難しい。これまでに、共同利用施設説的な事業運営において、組合員が利用者としての立場で意志決定に参加可能であることを強調してきたが、それは新世代農協のような組織基盤を持たないわが国の総合農協において、組合員の主体性を増進するための次善策という側面もある。

理事は経営者としての立場から事業の統治をおこなうが、農協に対して金銭的な賠償が求められる場合がある。しかし、利用者として農協事業に参画する組合員には理事のような賠償責任は生じない。そのような立場の組合員が意志決定に参加できるのは、農協経営や社会経済に多大な影響を及ぼさない事項、もしくは新制度派組織論のいう制度的圧力が小さく、利用者が納得し合意することで正当性を確保できるような事項が中心となる。

例えば、選果場施設への投資など農協経営上のリスクが大きい決定は、利用者による合意だけでなく、理事会や総会・総代会での承認が必要とされるだろう。これに対して販売事業においては、等階級規格の基準設定や精算方法、販売戦略、組織的に導入し普及する生産技術の選定などは、利用者の合意に任せることが可能であろう。

責任がともなわない意志決定への参画には批判もあり得る。新世代農協は、理事としての賠償責任ではなく、出資金の毀損という形で組合員にリスクを負わせることで、この問題の解消を図ろうとしているようである。

しかし、わが国の総合農協では、理事に重い責任を負わせる一方で一般組合員においては農協事業への関心度の低下が進むという二極分化の傾向がみられる。そうした状況を出発点とした改革のステップとして、新世代農協のような抜本的解決ではなくとも、利用者としての参画を基本とする共同利用施設説的な事業運営は大きな意義を有するものと考える。

また、アメリカ新世代農協などを念頭におきつつ、組合員が農協事業に利用者として参画することを重視する運営方法は、「ユーザーシップ制」と呼ばれている。これは、利用者が組合を所有し運営することを重視し、利益の配分なども利用高配当に重点を置く考え方で、「メンバーシップ制」と対比されるものである。

　共同利用施設説は、このうちユーザーシップ制に近いものと考えられる。ただし、重要な違いとして、ユーザーシップ制における意志決定では、1人1票制ではなく利用実績に基づく意志決定や複数議決権制が採用されるという考え方が広くみられることである[49]。

　本書では、共同利用施設説にもとづく組織や事業の運営において、利用高に応じた決定権を明示的に与えることは想定していない。法人化されていない共販組織では、投票や多数決などによる意志決定がおこなわれるケースはそれほど多くないので、1人1票か複数議決権制かという問題は表面化しにくいからである。

　しかし、青柳（1990）は共同利用施設説から得られる含意として利用高に応じた議決権を提唱しているし[50]、共販組織を法人化する場合には、実務上も大きな問題となる可能性がある。この問題についての検討は本書の検討範囲を超えるものとして、今後の課題としたい。

　また、公共性や公益性と、共益性のどちらを重視するかという議論もある[51]。本書で公共性とは、必要とするものであれば誰でも容易にアクセスできることとして議論を進めてきたが、これとあわせて論じられる概念に「公益性」がある。農協における公益性とは、組合員をこえた不特定多数の利益の増進に寄与することと解される。共益性は公共性、公益性に対置される概念であり、利益の増進に寄与する対象が特定の構成員に限られている場合をいう。

---

(49) 石田（2007）p.23や増田（2007）p.30など。
(50) 青柳（1990）p.50。
(51) 石田（2007）を参照。

第1章　ボトムアップ型産地技術マネジメントの概念について

　先述したように、信用事業は不特定多数が利用する可能性のある事業であり、公共性と公益性が高いと考えられるが、それは共同利用施設説的な運営を妨げる一因であった。それに対して販売事業は特定の組合員が利用するものであり、基本的には共益性の増進を目的としている。

　以上からみて、共同利用施設説はユーザーシップ制や共益性の考え方と親和性が高いものと考えられるが、共同利用施設説にもとづく活動が公益性を持ち得ないとは言い切れない。

　構成員が自分たち以外も含む地域社会に貢献したいという動機から組織化を図り、共同利用施設的な運営をおこなう場合には、構成員の「利益」と公益性は一致する。前項で述べた特定理念の追求を求心力とする活動が、このような性格を持つ可能性がある。福祉や生活関連の組合員活動がこれに該当することを考えれば、それほど稀なものともいえないだろう。

　公益性と共益性は、1つの組織に共存することが難しいとされる。河野（2009）は「協同組合のミッションを公益にシフトさせていくと、共益組織としての性格とどう折り合いをつけるかが理論上のテーマになる」、「公益を意識した活動を積極的に展開していくと、組合員組織としての枠を自ら乗り越えることが要請される場面も出てくる」と述べている[52]。

　石田（2007）は、公益性や公共性について「農業協同組合が本来的に備えるべき、あるいは備えている性質ではない」とする一方で、職能型協同組合としての正組合員資格を緩和し、食や農や暮らしを豊かにするものは、誰でも組合員となれるようにすることを提唱している[53]。これは、メンバーシップをもとに受益者の範囲を決めるのではなく現実の受益者の範囲をもとにメンバーシップを設定しようという逆転の発想とみることができる。これにより、ユーザーシップ組織としての性格強化と、公益性の追求という相反する方向性を両立させようということであろう。

　以上のように、これまでの農協に関する研究においては、協同組合として

---

(52) 河野（2009）p.3を参照。
(53) 石田（2007）p.22

61

の基本的な方向性を巡る対立軸が見られる。それらの対立軸からみたとき、共同利用施設説の考え方は中立的ではなく、比較的明確な方向性を有している。しかし、前項で複数の求心力を兼ね備えることのメリットを論じたことからわかるように、本書は対立軸の一方に農協を純化させることには消極的な立場である。ただし、そこで基本となるのは、事業ごとにメリハリをつけたうえで、それらを1つの組織の中に共存させるという考え方である。ある事業に関して、それが追求するものが公益性なのか共益性なのか曖昧で中間的な状態が望ましいと考えているわけではない。

本書が取りあげる作物別部会や出荷組合などの共販組織は、このような展望のもとで、ユーザーシップ制や共益性に特化した活動をおこないうる場として位置づけられる。

6) 共同利用施設説における共販組織の位置づけ

以上のような共同利用施設説の考え方により販売事業を理解した場合、共販組織はどのように位置づけられるのだろうか。この点について、以下では前掲図1-4をもとに説明する。

まず、図1-4をもとにして、共販組織の位置づけを書き加えたものが図1-6である。ここでは作図上の都合から中央の共同化された領域を広げてあるが、農協事業と共販組織と個別経営の境界線は点線で記した2つの同心円で示されている。この図では、中心部に向かうほど個別経営からの分離度が高くなり共同化の程度が高まると考えている。中央の領域は農協本体の販売事業や営農技術指導事業を示しており、農協職員に高度に委任されている業務の領域となる。その外側にある領域が部会の活動領域で、さらに外側には他の経営と全く統合していない個別経営の活動領域がある。

ここで、販売活動や産地イノベーションに対する構成員の参画が強まることを想定すれば、それは図1-7のAのように表現される。ここでは、部会の活動領域が内側に向かって拡大し、その一方で農協職員が担当する領域が縮小している。例えば西井(2006)で事例とされている部会は、構成員が23戸

第1章 ボトムアップ型産地技術マネジメントの概念について

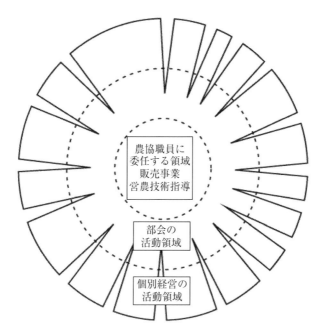

図1-6 共同利用施設における農協事業部会・個別経営の関係
資料：筆者作成。

の農家で、取引先や出荷時期などの方針決定だけではなく選果場の操業管理から分荷などの実務まで部員のみで行われ、農協職員は関わっていないという[54]。このような例がAに該当するものとして挙げられる。

その逆に、農協職員への委任度が高い場合は、図1-7Bのように表される。ここでは中央の農協職員が担当する領域が大きくなっている。また、生産過程の組織化をおこなう場合はCのように示される。ここでは、個別経営単位で行われる行為の領域が狭まるとともに、部会の活動領域と個別経営の活動領域の境界線が、外側にシフトしている。

共同利用施設説的な事業運営においては、農協事業と組合員経済が直接的

---

(54)西井（2006）pp.87。

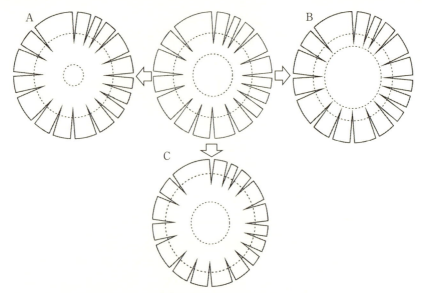

図1-7　各領域の担当部分のバリエーション
資料：筆者作成。

な接続関係にあるがゆえに、農協職員と部会と個別経営の担当する領域の境界を移動させることが容易であり、産地の活動への部会員の参画を図る余地が大きいことがわかる。

4．産地技術マネジメントとその評価方法

1）産地技術マネジメントの内容と創発的な技術対応

　ここまでの記述では、産地技術マネジメントという概念について、共販組織としておこなう産地としての技術対応全般を指すものとしてきたが、この概念を事例分析で用いるにあたって、分析対象とする活動をある程度限定しておきたい。

　本書では、産地技術マネジメントの具体的内容について、産地外からの新しい技術の導入、産地内における技術の改良、普及率向上と次世代等への継

第1章　ボトムアップ型産地技術マネジメントの概念について

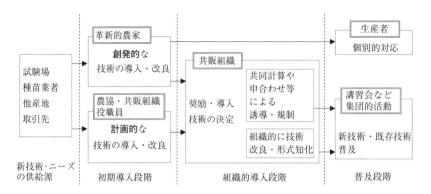

図1-8　ボトムアップ型産地技術マネジメントの流れ
資料：筆者作成。

承などによる既存技術の維持の3つを想定する。具体的には、新技術の探索や試験研究活動、技術的な方針に関する組織的決定をおこなうこと、各種の講習会などの活動である。また、申し合わせ等の規則や、共同計算において特定技術の実施を有利に扱うなどの誘導措置も、産地技術マネジメントの手段の1つとして考える。

以上を分析対象とすることで、産地としての技術対応のすべてではないが、主要な部分を検討することが出来るだろう。

図1-8は、ボトムアップ型の産地技術マネジメントの例を示したものである。ここでは、産地技術マネジメントをいくつかの段階にわけており、各段階間でのフィードバック等は省略してある。段階は、初期導入段階、組織的導入段階、普及段階となっているが、産地外部からの技術導入の場合にはそれらの前に新技術の供給源が存在する。

新技術の供給源には、試験場・種苗業者・他産地などがあるが、これらは産地外部にある主体であり、産地イノベーション・システムの構成要素となるものもあるが、産地技術マネジメントには含まれない。

初期導入段階は、産地外にある技術に有望なものを見出した場合に最初に産地にそれを導入するか、または既存の技術の改良を試験的に実施してみる

段階である。組織的導入段階は、共販組織として導入を推進する技術を決定する段階であり、普及段階は具体的な導入促進策を実行する段階である。

　以上のような産地技術マネジメントを想定した上で、それがボトムアップ型であるかどうかの判断基準として、本書では前節で説明した共同利用施設説に加えて、「創発性」という観点からの評価をおこなう。

　共同利用施設説が産地技術マネジメントを担当する共販組織の運営方法に焦点をあてるものであるのに対して、創発性は新規の技術導入のプロセスを評価するための概念である。

　新技術の産地への初期導入については個別の農家によっておこなわれる事例も多くみられる。その場合には、農家が個人的な考えから導入したり改良した技術について、共販組織としてその有望性を認め産地全体に普及させるというように、個人と組織の取り組みが連続性を持つことになる。

　産地技術マネジメントがボトムアップ型であるかを判断する上で、このような技術導入のされ方がみられることは重要な指標と考えられる。そこで、本書では個別の農家による技術導入が組織的な取り組みに広まってゆくような技術導入のされ方を、「創発的」であるとし、逆にはじめから組織として立案した計画に基づく技術導入を「計画的」と表現する。

　また、技術全体ではなく部分的・追加的な改良が個別農家によっておこなわれる場合も創発的と考えることとする。つまり、最初は計画的に導入された新技術であっても、個別農家による独自の改良が加えられ、その成果を取り込んだ形で共販組織が普及活動をおこなう場合には、その技術導入プロセスは創発的であると考える。

　「創発」はシステム科学の用語であるが、それ以外の分野でも使われており、その意味は論者や使用される文脈によって様々である。本書でこの用語を使用するのは、直接的には経営戦略論におけるミンツバーグの「創発的戦略」という概念に着想を得たものである(55)。ミンツバーグは、経営戦略とはトップマネジメントにより立案されるものであるという考え方に対して、現場からのボトムアップ的により学習を積み重ねてゆく戦略形成のプロセスの存

第1章　ボトムアップ型産地技術マネジメントの概念について

在を主張し、それを創発的戦略と呼んだ。

　本書では、この創発戦略の概念から技術導入のタイプをラベリングする用語を借りるだけではなく、2つの考え方に注目する。

　1つ目は、創発的と計画的というのは完全に二分されるものではなく、連続的に変化するものの両極である、つまりグラデーションのように中間的なものが存在するなかで、どちらに近いのかが問題となるということである。このことについてミンツバーグは、「一方的に計画的で、まったく学習のない戦略はほとんどない。しかしまた、一方的に創発的で、コントロールのまったくない戦略もない」と述べている[56]。

　この考え方によれば、事例において観察された個々の技術導入について、創発性の程度を評価する必要が生じることになる。これを定量的に評価するのは極めて困難であるため、創発性の評価は定性的なものにならざるを得ないが、これはやむを得ないことと考えることにした。

　2つ目は、創発的戦略においては、戦略の実行を通して戦略自体が変化してゆくと考えることである。この考え方を本書の事例分析に援用するならば、技術の導入や改良が単に個別農家の取り組みを端緒としているだけでなく、それが既存の戦略や技術発展の軌道を大きく変化させるようなものであるほど、創発性が高いと評価されることになる。

　これは、産地技術マネジメントがボトムアップ型であることの意義に関わる論点である。個々の農家の取り組みが技術対応の端緒となることによって、産地が取り得る戦略や技術対応の方向性に多様性がもたらされることが期待されるからである。

　ただし、このような意味での創発的戦略は、本書が取りあげた事例においてはほとんど観察されなかった。そこでこの問題については、終章において、なぜ戦略自体を変化させるような創発性がみられなかったのかを考察し、そこから産地再編に関わる展望を示すという形で検討をおこなった。

---

(55)ミンツバーグほか（2012）を参照。
(56)ミンツバーグほか（2012）pp.12-13。

67

２）産地技術マネジメントのパフォーマンスの評価

これまで、産地技術マネジメントがボトムアップ型であるかどうかを判断する基準について述べてきたが、それとは別に、産地技術マネジメント自体のパフォーマンスを評価することも必要である。

ボトムアップ型であることは、共販組織の構成員にとって、自分の意見が組織運営に反映されたり、活動に参加して充実感が得られるといった満足をもたらすかもしれないが、そのような組織運営技術としてだけでなく、産地再編やイノベーションを促進するための方法論として直接的に役に立つのかどうかを評価する必要があるからである。

組合員の農協離れを阻止するために事業への組合員参画が必要と考えるのでは、組合員参画自体が目的化してしまっている。組合員参画を実現することが望ましいと主張するのであれば、それが地域農業の発展などに寄与するという立論が必要となるだろう。

そこで本書では、産地再編やイノベーションを促進するという観点から、事例分析でみられた産地技術マネジメントを評価するのだが、これは大変困難な課題である。技術的対応の成果を評価しようとする場合、そのための指標として多くの評価基準を想定することが出来るし、その中からどれを採用するのかを決めたとしても、評価に用いるデータを得ることにも大きな困難が伴うからである。

例えば指標としては、導入できた技術の数や、そのなかで大きな経済的利益をもたらしたものの割合などがあろうが、それらを定量的に把握することが難しい上に、導入した技術の難度や社会に与えたインパクトの大きさなど質的な側面も無視できない。一般企業を対象とする研究では、特許取得数や研究開発費の金額などがイノベーション関連の指標とされる場合もあるが、青果物産地の活動に応用することは難しい。さらに、本書ではヒアリング調査に依拠した事例分析をおこなうが、その場合には評価の根拠が定性的なものに偏りがちとなってしまう。

第1章　ボトムアップ型産地技術マネジメントの概念について

　そこで、本書では事例について新技術導入等の活性度についても評価はおこなうが、それよりも技術対応のプロセスについての定性的な評価に重点を置く。その評価軸とするのが、産地技術マネジメントの「内部整合性」と「外部適合性」である。

　内部整合性とは、産地において農協や共販組織がおこなう技術面の組織的対応が、産地内の条件からみて適合的であるかどうかに関する評価である。これは、共販組織の講じた技術対応の促進策が意図したとおりに機能しているか、望ましくない副作用、例えば農家の不満や利害対立などを生じさせていないか、生じさせていたとしても有効な緩和策がとられているかなどを評価するものである。

　外部適合性は、産地外部の主体や環境との関係を評価するものであるが、イノベーション・プロセスからみると、試験研究機関等との関係構築など上流側との関係と、実現した技術を販売成果として実現するための販売先など下流側との関係に大別される。本書では下流側、すなわち市場のニーズに適合しているかという観点からの評価を中心にみてゆく。

　川下側との関係は、コストダウンに関わるプロセス・イノベーションにおいてはそれほど重要ではないが、本書で事例とするミカン産地においては品質差別化のための技術対応が多くみられるため、それを販売成果に結びつけてゆく上で重要性が高い。

5．小括

　ボトムアップ型の事業運営は、協同組合の理念や原則の観点からは望ましいものといえる。しかし、産地において組織的に技術対応をおこなううえで、それがどのような意義を有しているのかは明らかではないため、本書では事例分析によりこの点を検証する。本章で示した分析の枠組みは、そのためにボトムアップ型産地技術マネジメントの概念を明確にするためのものである。

　民主的農協論からコーポレートガバナンス論などを経て、本来的な協同組

合への回帰が主張されている現在までの農協論の流れを振り返っても、ボトムアップであることの重要性は常に意識されていたといってよい。それにも関わらず、現在に至るまでそれを実現できた農協の事例は少ない。

　そのような現実に対して、これまでの農協に関する議論では、多くの理念が提唱されてきたが、それらは抽象的なものが多く、具体的な事例を評価するための方法や基準が示されてこなかった。それに加えて、理想・理念と現実の乖離も大きいために、事例分析を過大評価することに結びつきやすかった。

　そのような過大評価をする余地が生じる主要な原因として、組織運営に関する形式的・名目的な特徴に過度に注目すること、分析単位が不明確なために個別的なものの評価をそのまま集団的なものの評価としてしまうことの2つが大きかったように思われる。後者は、本章において述べたように集団的主体形成論としての高橋や太田原の議論にもみられるものであった。

　こうしたことを踏まえ、本書では技術対応の分析単位である「システム」と「個人」の位置づけを明確化するとともに、ボトムアップであるかを判断する基準として共同利用施設説や創発の概念を用いることで、より実質的な検証をおこなうことを目指した。

　共同利用施設説的なボトムアップ型の事業運営の事例は、わが国の総合農協においては一般的ではないが、本書で取りあげた3つのミカン産地の事例では、それが実践されていると考える。その背景には、ミカン農業において戦前もしくは戦後の早い段階で共販組織が設立されてきたことがある。そこで次章では、ミカン農業における共販組織の展開過程を概観する。

第 2 章

ミカン農業における共販組織の展開

1．本章の課題

　次章以降で取りあげる 3 つの事例産地は、前章で述べた共同利用施設的な産地技術マネジメントを実際におこなっている例として位置づけられる。3 事例はいずれもミカン産地である。ミカン農業の特徴は、戦前からの商業的農業としての歴史を持ち、そのなかで自生的な共販組織の展開が顕著であったことで、そのような系譜を有する販売組織の典型が愛媛県などにみられた専門農協である。共同利用施設的な性格は、このような自生的な組織化を通じて獲得されてきたものと考えられる。

　そこで本章では、ミカンの販売組織について、その原型が形成された戦前期の展開を分析することにより基本的な性格を明らかにし、ボトムアップ型産地技術マネジメントが実践されるようになった背景について考察する。

　なお、対象としたのは静岡県と愛媛県であるが、次章以降の事例地域を直接取りあげるのではなく、両県における一般的な動向についてみてゆく。

2．ミカン共販組織の展開過程

1）戦前期におけるミカン共販組織の形成

　戦前からミカンの共販組織が発達していた静岡県と愛媛県について、共販組織の展開を整理したものが**表2-1**の年表である。

　ミカンの共販組織の形成過程は自生的なものであったことが特徴であるが、

表2-1　戦前の愛媛県と静岡県におけるミカン生産流通の組織化に関する年表

年	愛媛県	静岡県
1884		志太郡のミカン商人が「改良組」を組織し主として東京向け出荷ミカンの荷造りの改善に努める。
1891		庵原郡柑橘業組合（後の庵原郡柑橘同業組合）が19名により設立。志太・益津郡の農家、ミカン商人により、志太・益津郡柑橘同業組合を設立。
1900		庵原郡柑橘同業組合が設立。
1901		志太郡柑橘同業組合設立。
1905		庵原郡にミカンの販売を行う最初の産業組合設立。
1906	温泉郡三津浜町に果物商と農家の協同出資による「三津果物市株式会社」設立。	志太郡柑橘同業組合により、県内で初めてのせん定実地指導。同業組合による海外市場調査が盛んに。
1907	宇和郡吉田町に商人による果実出荷組合設立。	
1909	吉田町に商人の販売組合「吉田青物組合」設立。	
1910	立間村に農家による「立間柑橘販売組合」設立。	
1911	伊予郡南山崎共同出荷組合設立。	静岡市柑橘同業組合、安部郡柑橘同業組合設立。県下4柑橘同業組合により、静岡県柑橘同業組合連合会設立。第一回全国柑橘大会を静岡市で開催。主な議題は輸出ミカン改善問題、容器の寸法統一問題。
1912	西宇和郡日土村に生産者70名による出荷組合設立、同真穴村にも出荷組合設立。	
1913	伊予果物同業組合設立。西宇和郡の生産者出荷組合により、ナツカンの東京初出荷。	引佐郡柑橘同業組合が設立。
1914	宇和柑橘同業組合設立。	
1915	村松春太郎技師、宇和柑橘同業組合に着任。	
1916	越智郡果物同業組合設立、西宇和果物同業組合設立、伊予果物同業組合かんきつ等級制定。	
1917	伊予果物同業組合に移出用船舶を運営する協同輸送組合設立。	
1918	真穴柑橘組合設立。	
1919	日の丸柑橘生産出荷組合設立。	
1920		引佐郡三ヶ日町において、農家7戸による出荷組合が設立。産業組合法によらない任意組合が増加。
1922		伊豆蜜柑同業組合設立。
1926	愛媛県果物組合連合会設立。宇和柑橘同業組合管内に6つの出荷組合を設置。	
1927		庵原郡清水市柑橘同業組合員のうち柑橘仲買業者と輸移出業者が脱退し、清水市庵原郡柑橘商同業組合を設立、静岡聯からも離脱。
1928	伊予果物同業組合、出荷組合の設立を奨励。真穴柑橘出荷組合が選果作業場を3カ所に建設。	庵原郡農産物出荷組合聯合会が設立。
1929	宇和柑橘同業組合に産組法による宇和蜜柑販売購買組合を併設。吉田町に共同選果組合を設立。	
1930	伊予果物同業組合に産組法による伊予果物購買販売利用組合が併設され、共同選果を実施。松山市や郡中町に共同選果組合を設立。	
1931	県農会主導で愛媛県農産物配給販売幹旋部設立。大阪中央卸売市場と横浜中央卸売市場に支所開設。	静岡市柑橘同業組合が定款を変更して静岡市柑橘商同業組合と改称し、静柑聯より脱退。
1932	県令により内地向けの出荷規格の県下統一。	
1933	宇和柑橘同業組合から商業者の会員が脱退。	ミカンの県営検査実施。
1934		静岡県購買販売利用組合聯合会に柑橘部を新設し庵原郡農産物出荷組合聯合会の職員体制を引き継ぎ、輸出拡大に取り組む。

資料：阿川（1988）、宇和青果農業協同組合（1996）、愛媛県青果農業協同組合連合会（1968）（1998）、静岡県柑橘販売農業協同組合連合会（1959）より作成。

第2章　ミカン農業における共販組織の展開

戦前の段階では、はじめから農家のみによる組織化がみられたわけではない。戦前に形成された産地において、初期に産地からの移出を担ったのは商人であり、商人、もしくは商人と農家がともに参加する組織が設立された。こうした組織化は、愛媛県よりも古い産地である静岡県において先行してみられた。

　静岡県においてミカンの生産が増大するのは明治初期である。静岡県下で古い産地は庵原郡、志太郡など静岡県中部地域であるが、庵原郡でミカンの増殖が盛んにおこなわれたのは1880年頃である。1884年には商人による組合が組織されているが、本格的な組織化は1890年代に入ってからの同業組合の成立からである。戦前のミカン農業では、主に北米に向けてミカンの輸出が盛んであったが、この輸出ミカンの販路開拓に積極的であったのは静岡県であり、そうした事情が静岡県における流通の組織化を促していた。

　時期的には遅れるが、愛媛県においても商人による組合や会社形態での組織化が進展した。静岡県の有力な販売先地域は東京だったが、愛媛県のそれは阪神方面であって、海によって隔てられているうえに距離が遠い。そのため、生産量が増加し県外移出がある程度盛んになってからの組織化であった。その後、先進的な地域では農家による出荷組合の設立がすすみ、それと前後して同業組合が設立されていった。

　同業組合は、農家と流通業者の双方を構成員とすることができ、1884年の同業組合準則、1900年の同業組合法に根拠法をおく組織である。その目的は、当時の重要な地域特産物、もしくは在来産業の生産品について、商品として通用するだけの品質の統一や規格化を図ることであり、当時の輸出産業育成策の一環をなすものであった。同業組合が設立された分野は、**表2-2**のように多岐にわたっていて、輸出産業に限られているわけではないが、生産・流通ともに零細小口で多くの流通段階を必要とする産業に多く設立されていることが特徴であった[1]。この表からは、柑橘類の同業組合も一定の数が存

（1）白戸（2004）。

表2-2　主要な重要物産同業組合の設置状況

単位：組合

	1900	1906	1909	1912	1915	1918	1921	1924	1928	1931	1934	1937	1940
蚕糸業（含む種・桑苗）	14	12	164	207	248	256	307	354	453	451	222	175	127
織物	56	107	122	138	134	137	144	159	134	128	110	93	66
米穀	25	48	66	67	65	64	69	70	70	69	73	73	70
材木		18	25	30	35	37	38	47	49	50	53	54	51
醤油味噌及溜		14	19	28	33	37	39	42	41	39	36	35	27
肥料			17	29	30	25	30	30	27	21	20	20	19
木炭			11	24	32	46	81	134	174	178	195	162	176
紙及同製品		17	23	25	27	30	35	39	31	27	24	24	22
薬品				20	22	27	22	24	23	24	24	24	23
陶磁器		16	19	23	22	23	24	23	23	22	20	19	18
花筵・蘭筵・畳表	13	19	14	20	20	21	23	25	23	23	23	21	20
金属製品及同加工品				16	19	21	32	29	28	30	29	29	25
漆及漆器	14	19	15	17	16	17	18	16	18	18	18	18	16
柑橘			10		14	16	16	21	32	37	43	41	39
麦桿・経木・真田	11	13	13	11	12	22	19	18	12	11	11	12	10
砂糖			10		13	13	16	15	16	16	15	15	14
酒類（含缶詰）					13	14	16	16	16	24	24	25	25
石炭・コークス				10	11	12	11	12	11	11	11	11	11
麺類			10		10	17	14	14	15	14	12	10	
荒物・薬工品				10			24	32	40	40	43	44	44
傘（含和・洋傘）									12	12	12	11	11
その他	97	124	207	241	244	296	324	353	349	322	315	295	292
合計	230	407	745	916	1,020	1,131	1,302	1,473	1,597	1,567	1,333	1,211	1,106
連合会数	3	15	25	37	46	53	60	66	78	84	61	51	45

資料：白戸（2004）p.61 より引用。

在していたことがわかる。しかも、組合数が多い業種では、後期にその数を減少させているものが多いが、柑橘類は一定数を維持している。

　静岡県において早期に柑橘類の同業組合が設立されたのは、輸出に積極的であったほかに、同業組合と同様の目的と形態を持って制度化された茶業組合の存在も影響していたと推察される[2]。これに対して愛媛県では、先進県である静岡県の影響を受けて同業組合が設立されている[3]。また、静岡県においては、同業組合の連合会として、静岡県柑橘同業組合聯合会（静柑聯）も設立された。

（2）同業組合準則と茶業組合準則はともに1884年に公布されている。
（3）愛媛県青果農業協同組合（1998）p.31は、静岡県から赴任してきた農会技術員によって西宇和柑橘同業組合の設立が進められたとしている。

表2-3 庵原郡柑橘同業組合の定款（一部）

第一条 本組合ハ柑橘業ノ改良発達ヲ企画シ組合員共同ノ利益ヲ増進スルヲ以テ目的トス
第二条 本組合ハ前条ノ目的ヲ達センガタメ左ノ業務ヲ実施スルモノトス
一、柑橘栽培ノ改良ニ関スルコト
一、販路ノ拡張ニ関スルコト
一、輸出品ノ検査ヲ行フコト
一、病虫害駆除予防ニ関スルコト
一、荷造リ及容器ノ寸法ヲ一定スルコト
一、貯蔵法ノ研究ニ関スルコト
一、業務ノ取リ締マリニ関スルコト
一、共進会及品評会ニ関スルコト
一、講習会及講話会開設ニ関スルコト
一、紛議調停ニ関スルコト
一、主務官庁ヨリ諮問照会アル時ハ答申マタハ建議誓願ヲナスコト
前各号ノ外組合員共同利益ノ増進ニ関スルコト

資料：静岡県柑橘販売農業協同組合連合会（1959）より作成。

　それでは、農家と流通業者をともに構成員とする、この同業組合という組織はどのような性格をもつものであったのだろうか。一般的に、同業組合のおこなう事業は、製品検査、紛争調停、表彰や品評会の開催、技術指導などで、営利事業が禁止されているため、販売については斡旋ができるのみである。

　これらの事業のうち、製品検査は同業組合という制度の目的である品質の安定と粗製濫造の防止を図る手段として最も重要であり、それはミカンの同業組合においても同様であった。静岡県では、前述したようにミカンの輸出に取り組む商人が多く、そのために同業組合による検査がおこなわれた。

　ただし、表2-3に示したように、検査は輸出ミカンのみを対象としており、県外市場への出荷に対する規制は講じられなかったため、荷造りの不統一や粗悪な果実の混入などが問題となった。そのため、同業組合の連合組織として設立された静岡県柑橘同業組合連合会（静柑聯）によって、県に対して県営検査の実施が要望され、1933年に実施されることになった。静岡県においては、同業組合の検査は輸出対応の側面が強く、こうした組織化を通じて輸出の権益を独占しようという商業者の思惑が作用していたこともあり、国内流通に対する統制力は弱かった。

　愛媛県においても、品質や規格の統一のための検査は同業組合によってな

されていた。ここでは県内向け流通も含む国内向けのミカンに対しても検査がおこなわれ、静岡県と異なり一定の成果を収めたようである。また、愛媛県では、同業組合が移出用の船舶の運営や選果荷造場の設営といった事業にかかわっているが、これは関西向け移出産地としての性格を反映したものである。

ミカンの同業組合において、検査とならんで重要な事業となっていたのが、生産指導にかかわる事業である。静岡県においても、愛媛県においても、同業組合は技術者を雇用または嘱託によって生産指導にあたらせていた。その役割は大きく、静岡県ではじめてミカンのせん定技術を指導したのは同業組合であるし、愛媛県のミカン生産振興に多大な功績があったという村松春太郎は同業組合の技師であった。

ミカン生産の技術指導は、同業組合が設立されるまでは農会の役割であった。静岡においては、同業組合の設立も多くの場合は農会の指導者層によっておこなわれたが、同業組合の設立以降は農会はミカンの生産指導に関わることは少なくなった。当時の最大の問題が粗悪な出荷形態にあり、生産技術の指導だけではなく商業者への規制をおこなう必要があったために、農会よりも同業組合による組織化を図る必要があったと考えられる。そして、こうした生産指導は、同業組合の系譜を引き継いで戦後設立された柑橘専門農協にも受け継がれていったのである。

以上にみてきた検査と技術指導の二つが、ミカンの同業組合の主要な事業であるが、ここで問題となるのは、同業組合に参加する商人と農家が同業組合の事業にどのように関与していたかである。

同業組合が設立された初期の頃は、商人が検査を通じた流通の円滑化、農家が技術指導にたいして、それぞれ同業組合への期待を抱いていたものと思われる。しかし、初期の同業組合は、商人のための組織という側面が強かった。同業組合の運営費は商人を中心に負担されていたし、そうした傾向は柑橘以外の同業組合においても広くみられた[4]。

このように、同業組合の事業に対しては農家と商人で温度差があり、同業

組合の組織は設立当初から不安定さをもっていた。そしてそれ以上に、商人の不公正な取引方法に対する農家の反発が高まり、生産の拡大によって農家が経済力を増してきたことを契機に、商人排除と農家による共同販売の動きが活発化することになった。

静岡県では、この動きはミカンの販売事業をおこなう産業組合の設立によって開始された。庵原郡における「有限責任庵原農産物販売組合」が1905年に設立されたのが県下で最初の柑橘販売を手がける産業組合であり、これは同郡に柑橘同業組合が設立された5年後のことであった。この組合をはじめとして、静岡県では集落単位の販売組合がいくつか形成されたが、大きな広がりはみせず、しばらくは一部の先進地域にとどまっていた。

その後、1920年代に入ると産業組合法による販売組合ではなく、十数名程度の農家からなる小規模な任意組合が設立されるようになる。これらの任意組合の設立は、ミカンの共同販売に取り組むほどの組織力を産業組合がもちえなかった地域における動きであり、時間の経過と共に産業組合に統合されていった。

こうして農家の共同販売活動が活発となると、同業組合内部での商人と農家との関係は悪化し、1927年には清水市の、1931年には静岡市の同業組合が再編し、商人のみを構成員とするようになった。さらにこれ以降、商人系の組織と農家の共同販売組織とのあいだで、ミカン輸出の主導権争いが表面化するようになっていった。

愛媛県においては、農家による共同販売の動きが始まったのは同業組合の設立とほぼ時を同じくしてのことであった。同県で最初の同業組合は、松山地方で1913年に設立された伊予果物同業組合で、これは商人を排して農家の

（4）白戸は同業組合準則による組織化について、「組織化に熱心であったのは商人であり、生産の担い手は一般的にきわめて零細で市場から隔離された状態にあり、その結果、組織内では商人の発言権が優位を占めていたといえよう」と述べている（白戸（2004）p.31）。ただし、柑橘類においては、静岡県・愛媛県の両県とも同業組合の活動費の徴収は低調で、すべての商人が必ずしも同業組合に協力的というわけではなかった。

みを構成員とした組織であった。またこれに少し先行して、1910年には北宇和郡の立間で、1911年には伊予郡の南山崎で農家を構成員とした出荷組合が設立されていた。

　しかし、これ以外の地域では、静岡県と同様に商人と農家をともに同業組合の構成員としていた。そして、そうした地域における共販組織の発展は、商人出荷の農家と共販に参加する農家とのあいだに深刻な対立をもたらした。

　対立が激しかった宇和柑橘同業組合の吉田村には、同村周辺のみならず、愛媛県南部のミカン集荷の中心となっていた産地問屋があった。そのため、同業組合の設立に際しても商人を排除することができなかったが、伊予郡など他地域での共販組織の形成に刺激をうけ、産業組合法による販売組合を設立して商人の排除をめざした。これに対して商人側による猛烈な反対運動が展開されたが、宇和柑橘同業組合設立から15年後の1929年に宇和蜜柑販売購買組合を併設し、共同選果場を設置することができた。

　こうして、愛媛県においても、静岡県と同様に産業組合による共同販売体制の確立がはかられてきたのだが、その特徴は、実際の共同選別や出荷活動をおこなう主体が産業組合ではなく任意の出荷組合であったことで、それらは静岡県のように産業組合に統合されることなく、戦後も「共選」とよばれる組織となって独立性を保ち続けたことである。産業組合も同業組合のもとに設立されてはいたが、これは同業組合に対する営利事業の禁止という制約を緩和し、代金精算など販売斡旋に必要な業務をおこなうためのもので、集出荷の主体は任意組織であったのである。

2）戦後のミカン共販組織の再編

　両県にみられた戦前におけるミカンの集出荷体制の相違は、戦後の農協組織のあり方にも引き継がれた。静岡県では産業組合が共販の中心的な担い手であり、それが総合農協に引き継がれ、同業組合の活動は専門連である静岡県柑橘販売農業協同組合連合会に引き継がれたのに対し、愛媛県では郡単位の同業組合が専門農協となり、任意の出荷組合は「共選」とよばれる組織と

なった。

　そして、県単位の連合会である愛媛県青果農業協同組合連合会が新たな組織として設立されて、ジュースの加工事業という新たな役割を担うようになった一方で、「共選」とおおむね重複する領域には総合農協が設立された。郡の専門農協は戦前の同業組合と同様に販売斡旋や代金精算などを、総合農協は専門農協が実施しない信用事業や購買事業をおこなった。

　愛媛県の出荷組合の特徴は、どのような領域を以て設立されていたかが一定しないことである。戦前の出荷組合の設立範囲は、大きなものは行政村にあわせて、小さなものはそれ以下の範囲で設立されていた。それらは戦後に設立された専門農協のもとで「共選」とよばれるようになったが、その共選の規模にも町村単位から旧村やそれ以下まで差がみられる。

　初期の産業組合が「部落農協」[5]とよばれたのと同様に、共選も「部落共選」から出発したものが多かったが、愛媛県の場合は、それがさまざまな領域に再編され、もしくは再編されずに残存している。戦後においても、ミカン生産の拡大期には複数の共選が統合し、大型共販が形成されたことが愛媛県の大きな特徴である。例えば愛媛県南部の宇和青果農協では、郡単位での一元出荷体制を構築した後にもとの共選単位に解体し、さらに共選の分割を経た後に再統合がおこなわれた。

　このような共選の再編についていえるのは、その領域がミカンの販売戦略との密接な関連をもって決定されてきたということである。共選の領域は、市場において差別的な扱いを受けえる地域的なまとまりに大きな影響を受けている。先述した宇和青果農協の場合、需要の増大期には計画出荷を可能とするロットの拡大を実現するために共選を統合し、供給過剰下で価格が低迷すると差別化のために共選を再び分割し、共選運営の自主性を強めている[6]。このように共選の領域は農協の範囲と必ずしも一致せず、状況（販売環境や

（5）斎藤は「当時（産業組合成立初期）の農協は、しばしば部落農協であったといわれる」としている。斎藤（1989）p.23を参照。
（6）この経緯については、相原（1998）pp.100-108を参照。

生産技術、光センサー選果機などの選果技術など）に応じて変化してきた。

　統合分割をともなう共選の領域の変遷は、ミカンの品質が自然立地条件の影響を大きく受けるものであることから、共選の領域を立地条件に一致させようとするものとして理解される。宇和青果農協では、一度統合された共選の分割は農家からの強い要求によってなされている[7]。こうした動きは、共選という組織の性格が、前章でみた共同利用施設説の提示する組織のあり方に極めて近いものであることを示すものである。

　すなわち、共販組織は農家の経営の一部を分離統合して共同化したものであり、誰と共同し誰と共同しないかということが直接的に共販組織の経済的成果に影響する。したがって、こうした共同の範囲を決定する権限を組合員に留保しようという要求が強くなると考えられる。これは、組合員のメリットが直接的には価格や金利の水準として判断され、同じ事業を利用するほかの組合員との関係性を問題とする必要性が低い購買事業や信用事業とは異なる特徴である。

　愛媛以外の地域や、ミカン以外の共販組織も、このような性格を多かれ少なかれ有しているが、愛媛の場合は組織再編の経緯からみて、こうした性格が顕著であった。それは、共選の領域が販売戦略以外の条件からの制約を受けることが少なかったことを示している。

　例えば、共選の運営においては、経費の実費精算と、作目や施設ごとの独立採算が重視されていた[8]。これは総合農協で多くみられる、概算による経費精算や内部補助による施設償却の場合よりも、共販組織分割の協議を容易にするものと考えられる。なぜならば、共販組織の再編に伴う農家負担の

（7）宇和青果農協の組合長を務めた幸渕文雄氏の回顧録（『みかんと共に五十年』1999）には、共選統合に対する組合員の強い批判から再分割せざるを得なくなったこと、分割にあたっては固定資産投資の償却などについて組合員のあいだで激しい議論がなされたこと、分割された共選のなかには結束力が強まったことで優れた販売成果を収めたものがあったことなどが記されている。
（8）現在では多くの専門農協が総合農協と合併している。

第2章　ミカン農業における共販組織の展開

変化を、受益者負担の原則に沿ったものとすることが容易だからである。

　これに対して静岡県では、ひとつの農協にひとつの共販組織、ひとつのブランドという共販体制を築き、その再編も農協合併を主要な契機としている。ただし、ミカンの共販体制が戦前の集落単位の出荷組合に系譜を持つ場合が多いことから、農家による主体的な共販組織運営をおこなう農協は静岡県においても存在している。

　愛媛県と静岡県のミカンの流通は商人主導による移出体制から始まり、彼らとの対抗のなかで農民が小規模出荷組合を形成し、同業組合による技術指導・普及事業ならびに規格化が進められたことなど、戦前からの古い産地として多くの共通点を有している。しかし、戦後の展開過程は大きく異なっており、それは戦前の共販組織形成の歴史的経緯に影響されるところが大きいものと考えられる。

3）新興産地での組織化と専門農協の展開

　戦時中は物資や労働力の不足、さらには他作物への転換強制によって荒廃したミカン農業であったが、戦後復興期を経て基本法農政が施行されると、選択的拡大品目とされたミカンは急激な生産の拡大を遂げた（図2-1）。そのなかでも、特に急速な産地化が進んだのが九州各県であったが、これらは新興産地であったため、愛媛県や静岡県のような販売や指導に関わる組織化が未発達であった。

　このような新興産地も含めて、戦後のミカンの生産販売の発展に大きく貢献したのが専門農協や専門農協連合会である。これは、静岡の県柑橘技術員であった高橋郁郎氏が中心となり、新興産地も含めて果樹専門組織の整備がはかられ、日本園芸農業協同組合連合会（日園連）の前身である日本果実協会が1956年に発足し、そのもとで全国的に果樹農家の組織化が図られた結果である。静岡県や愛媛県では前項でみたような戦前からの販売組織の展開があり、それを受け継いだ果実専門組織の形成が進んだが、他県では、産地段階は総合農協が集出荷をおこない、県段階に販連・購連とは別に果実の専門

81

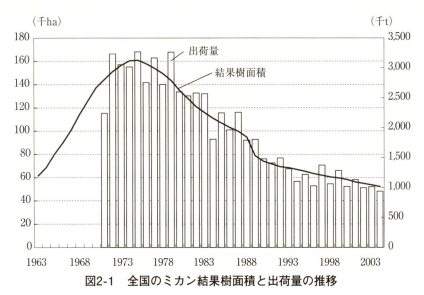

図2-1 全国のミカン結果樹面積と出荷量の推移

資料：果樹生産出荷統計より作成。

連を設立する形で組織整備が進められた。

　新興産地では、農家の組織化が未だ脆弱であったために、共販体制を強化するために総合農協を中心として体制整備をはかる必要があったためである。

　専門連は、柑橘生産の拡大のなかで事業基盤を確立し、九州などの新興産地においても技術指導体制や市場との連絡体制などを整えていった（**表2-4**）。さらに、ミカン果汁を生産する加工事業が専門連の重要な事業となった。この事業のミカンの需給調整に果たす役割が注目されてきたが、専門連にとって、この事業のもつ意味はそれだけにとどまらない。

　一部の専門連では、飲料品メーカーの製品を受託生産（ボトリング）することによって利益をあげ、経営の安定に大きく貢献しているのである。この場合、原料はすべて飲料メーカーから提供されるため、傘下の農協の組合員が生産する果実を原料としているわけではない。

　そうした専門連の1つである熊本県果実連では、**図2-2**に示したようにジ

表2-4 熊本県果実連の設立当初の主要事業

- 組織の強化（とくに新興産地農協加入の促進、果樹組合の農協部会化）
- 全国果実販売網の拡充（出荷先市場の指定、販売宣伝）
- 苗木組合設立、県内自給体制となる（1954年）
- 九州果樹研究同志会大会、第9回全国柑橘研究大会を開催
- 会員農協に、果樹専任駐在技術員（県費助成）制度開始（1959年）
- 北九州小倉に市場駐在員を派遣（1959年）
- ミカン段ボール15kg輸送試験に成功。1959年より段ボール箱出荷輸送を開始。
- 果振法の助成のもとで、単協の集出荷施設整備
- 東京に市場駐在員派遣、東京事務所設置（1965年）
- 機関誌『熊本の果樹』刊行

資料：大浜（1993）より作成。

ュース工場に多数の職員が配置されている。同県で販売・加工事業をおこなう連合会の経営概況を**表2-5**に示したが、経済連と比較して極めて充実した経営実績をあげていることがわかる。このことは、多数の技術員を抱える技術指導体制を支える経営基盤となってきた。

しかし、高い収益性をもとに急拡大するミカン農業に対して、総合農協系統が進出してきたことにより、専門農協系統との摩擦が表面化する。九州などの新興産地においては、専門連の設立に際して軋轢がみられた。これらの地域で

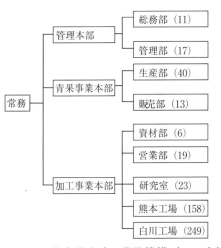

図2-2　熊本果実連の業務機構（2005年）
資料：熊本県果実連提供資料より作成。
注：括弧内は、部署ごとの正職員数を示す。

は、単協段階ははじめから総合農協でほぼ一本化されていたため、販売と技術指導は専門連、資材の取扱は経済連という役割分担が定着していった。

激しい組織紛争が繰り広げられたのは、単協段階から専門農協系統と総合農協系統が並立していた愛媛県であった。単協段階では総合農協と専門農協が協調して出荷をおこなったり合併しようとするものがあったが、県中央会

表 2-5　熊本県の農協連合会の経営概況（2003 年）

単位：百万円

		経済連	酪連	果実連	畜産連
事業高	販売高	117,249	25,908	18,457	15,255
	購買高	91,976	6,254	1,560	2,492
	製品販売高	2,471	17,630	31,773	193
	計	211,696	49,792	51,790	17,940
経常利益		224	563	1,755	13
当期利益		79	86	946	12
自己資本		7,979	1,719	9,462	593
うち出資金		410	812	1,567	360

資料：熊本県農協中央会提供資料より作成。

や経済連はこれに強硬に反対した。1960年代にこの紛争は激しさを増したが、2000年前後から単協段階で総合農協と専門農協の合併が進展し、2004年には県連の段階でも経済連と青果連が合併した。

3．専門農協に対する評価

　ミカン農業における共販組織の形成は自生的なものであり、特に戦前におけるそれは、農家による自発的な動きとして評価できる。そうした組織化の動きにおいて、指導力を発揮してきたのは、生産指導に関わる技術者層であった。これは、地主層が主導的な役割を担ってきた産業組合と大きく異なる点であり、戦後の専門農協系統の技術指導重視の組織・事業体制に大きな影響を及ぼしたと考えられる。

　戦後のミカン農業の組織化を担ったのは、このような戦前からの自主的共販組織としての伝統をもつ専門農協に加えて、新興産地における総合農協であった。新興産地の多くでは県段階に専門連が形成され、先進県における共販組織の運営方法を一部取り入れたことで、技術指導重視の事業体制や農家の主体性などの特徴はミカン農業に共通するものとなった。

　共同利用施設の観点からみると、商人に対抗することを結集軸として自生的な組織化を遂げてきた歴史は、農家の共販組織に対する帰属意識や貢献意欲を維持し、農家による主体的な組織運営体制が構築される基盤となった

といえる。戦前のミカン農業における組織化も同業組合や産業組合などの制度的枠組みを利用してはいたが、恐慌期の経済更生運動の担い手として政策的に育成された総合農協とは大きく異なる性格を有するものであった。

専門農協に対しては、第1章でみたようにその閉鎖性を批判する評価もみられるが、産地形成やマーケティングに関する能力を評価するものも多い。しかし、単に優れた技術指導員や販売担当職員がいるということであれば、理論的にみてそれが専門農協に固有の長所であるとは言いがたい。実態面からいっても、転作本格化以前の米肥農協であればともかく、現代の総合農協には優れたマーケティングを展開しているものが少なくない。

このように、機能面からみるだけでは、専門農協と総合農協との本質的差異は見出しにくい。専門農協の独自性は、それらの機能が、農家の主体性に支えられた組織運営体制を基盤として実現されているところにある。本書の問題意識に従って言い換えれば、専門農協は極めて共同利用施設的な組織だということである。そのような特徴は、発生史的、系譜論的に獲得されたものであり、経路依存性を有するものである。

専門農協を評価した議論として、太田原の「新総合農協論」がある[9]。太田原は、専門農協そのものについては財務基盤の弱さから高く評価していないが、「産地形成機能とマーケティング能力」という「専門農協の機能」を有する総合農協を展望し、それを「新総合農協」とよんだ。

この議論は、専門農協の機能面にしか注目しておらず、ここで述べてきたような発生史的観点を欠いている。総合農協について論じるとき、必ずと言っていいほど戦前の産業組合や戦後の整促体制という史的観点から説き起こしていたそれまでの太田原の議論からみれば、これは意外なことである。

太田原の「新総合農協論」以降、有力な専門農協の多くが総合農協と合併してしまったこともあり、いわゆる農協論の研究者が専門農協を論じたものは少ない。それにかわって、政府の諮問機関である規制改革推進会議や、そ

（9）太田原（1992）。

の影響を受けたと思われる農水省の一部方針が専門農協に注目するようになっている。

それらは、信用事業分離論と強く結びついており、既存の総合農協から信用事業等を分離することで専門農協に再編してゆくことを主張している。この議論において、専門農協の有意性の源泉が自生性にある点はまったく考慮されていない。本節で述べて来たことを踏まえれば、このような方法で専門農協としての長所を備えた組織を実現することは難しいと言わざるをえない[10]。

総合農協が共同利用施設説的な要素を取り入れる確実な方法としては、そのような性格を有する組織を取り込んでゆくことであろう。部会組織が形成されはじめた1960年前後の時期には、集落ないし旧市町村未満の規模で自生的に生まれていた任意組合などを、総合農協が取り込んでいったことが指摘されている[11]。

そのようにして形成された共販組織のなかには、構成員の主体的運営と業務への直接参加を軸とする共同利用施設説的性格を維持してきたものもあれば、農協職員への依存度を強めていったものもあるだろう。このように、外部から共同利用施設説的なものを取り込む形で総合農協を変革する可能性については、終章で改めて展望を述べる。

4. 小括

本章では、共同利用施設説的な共販組織が形成されてきた背景をみるために、ミカンの販売組織の展開過程について述べてきた。

---

(10) 信用事業利益への依存が甘えを生んでいるという側面は直ちに否定しきれない。しかし、営農に直接関係しない収益への依存は、専門農協にもみられることである。前節でみたような、ミカンのジュース工場による清涼飲料水のボトリング受託事業がそれにあたる。

(11) 西井（2006）pp.42-44を参照。

第2章　ミカン農業における共販組織の展開

　本書で取りあげる事例のなかでは、第4章の真穴地区が、戦前の出荷組織に系譜を持つ愛媛県の専門農協の典型である産地である[12]。

　第5章の熊本市農協柑橘部会は、産地の統合を経ているため複数の前身を有するが、その中心となっているのは戦前からの歴史を持つ組織である。九州では戦後にミカン生産を急拡大した産地が多くみられたが、戦前からの伝統的な銘柄産地もいくつかみられる。それらの多くは、戦後は静岡と同様に総合農協の傘下に入っていったが、もともと自生的に組織された組合を源流とすることから、構成員農家の主体性は高い。

　第6章の三ヶ日地区だけは、戦後に共販組織が結成された事例である。はじめから総合農協である三ヶ日町農協のもとでの共販を前提としていた点で、他章の事例とは異なっている。ただし、組織運営の方法などには構成員農家の主体性が強くみられる。これにはいくつかの理由が考えられる。

　まず、戦前期から共販組織が設立されてきた県内他産地の運営方法を取り入れたのではないかということである。三ヶ日町農協の共販組織の名称は、「柑橘生産部会」等の総合農協で一般的なものではなく、「出荷組合」となっている。これは県内他産地と共通する呼称であり、他産地の組織からの影響が見て取れる。

　もう一つは、1951年に三ヶ日町農協は県から貯金支払い停止の措置を命じられるほどの経営不振に陥ったことである。この経営不振に際して開催された臨時総会では、組合を解散するかどうかが議論されたが、最終的には組合員にとって必要な組織であるから再建すべきという結論となった。それ以来、自分たちの農協であるという当事者意識が組合員の間で高まり、農協事業に対して組合員が協力的な態度を示すようになったという[13]。

　以上のように、本書で取りあげる事例は全て総合農協の傘下にある共販組

---

(12)調査時点ではすでに総合農協と合併していたが、戦前の出荷組合を源流とする「共選」とよばれる組織による産地運営に大きな変化はない。

(13)この経緯は、山本（1988）に詳しい。これを一般化した形で指摘したものとして、太田原（2016）pp.103-105がある。

織ではあるが、減反本格化以降に農協主導で育成された一般的な作目別部会とは大きく異なる形成史と性格を有するものとなっている。

第3章

地縁的組織化に依存する
産地技術マネジメントの意義と限界

1．本章の課題

　本章の事例は愛媛県八幡浜市、真穴地区の共販組織である真穴共選である。真穴地区における共販組織の歴史は古く、戦前にまでさかのぼり、ミカン生産に適した自然条件をいかし、伝統的産地としてのブランド力を活かした販売戦略をとっている。

　真穴共選の特徴は、生産対策から共同計算の方法に至るまで、農家の階層分解を抑止することを意図した対応がみられることである。そうした対応において、真穴共選の地縁的結合を基盤とする支部組織が最大限に活用されている。本章の課題は、こうした地縁的組織化が産地技術マネジメントに果たす役割を明らかにすることである。

2．共販体制の特徴と農家階層構成

1）産地と共販体制の特徴

　真穴共選は、愛媛県八幡浜市の真網代集落と穴井集落において生産される柑橘類を出荷する共販組織である。その歴史は、戦前の西宇和郡に設立された西宇和柑橘同業組合のもとで果実を出荷していた任意組合にまでさかのぼることができる。戦中の農業団体統合を経て、同業組合の組織と事業は専門農協である西宇和青果農協へと引き継がれ、任意組合は真穴地区[(1)]に設立

89

された総合農協である真穴青果農協に引き継がれた。

西宇和青果農協は、真穴共選を含む11の共選をかかえていたが、1995年に総合農協と合併して西宇和農協となった。第2章で述べたように、愛媛県の代表的な専門農協である宇和青果農協では、ミカン生産の拡大にともない、共選とブランドの統合と再分割がみられたが、西宇和農協では、共選の統合は部分的なものにとどまり、それぞれ独自のブランドで市場に柑橘類を出荷してきた。

真穴地区は温州ミカンの生産に特化した地域で、2000年農業センサスによれば、耕地面積の299haのうち99.9％が果樹園となっているが、そのほとんどに温州ミカンが植栽されている。この地域は、同じ八幡浜市内の日の丸共選、川上共選とともに南予地方のミカン専作地帯の中核をなしており、市場においても銘柄を確立して高い評価を獲得してきた産地である。

また、共販率も極めて高く、組織的なまとまりも強固な産地である。2005年の農業センサスでは真穴地区の総農家数は221戸、うち販売農家が205戸であるのに対し、同年に共選に出荷した農家数は214戸であった。

表3-1は真穴地区の総農家数と専兼別の農家数の推移を示している。専業農家率は近年ではやや減少しているが、高い水準を維持してきている。経営規模階層別の農家数の推移をみたものが**図3-1**である。この地域できわめて特徴的なことは、1975年から1.0～2.0ha層が一貫してモード層となっていることである。全体の農家戸数が減少するなかで、この層も1985年から減少に転じるがそのテンポは弱く、その結果、この規模階層に集中した階層分布が形成されてきている。また、それ以上の規模へ拡大する動きは鈍く、

表 3-1　専兼の状況

単位：戸・％

	総農家数	専業農家数	専業農家率
1970	332	196	59.0
1975	328	196	59.8
1980	308	202	65.6
1985	269	161	59.9
1990	253	154	60.9
1995	233	136	58.4
2000	226	125	55.3

資料：農業センサス集落カードより作成。

（1）真穴地区は1955年に八幡浜市に編入されるまで真穴村であった。

第3章 地縁的組織化に依存する産地技術マネジメントの意義と限界

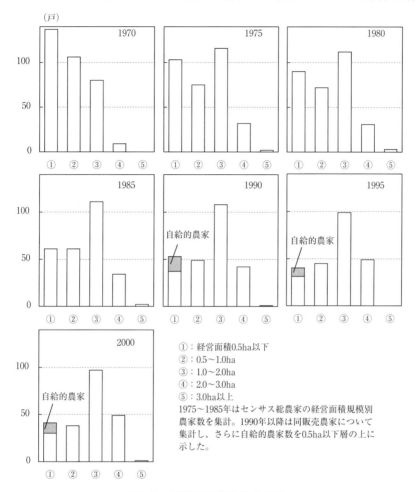

図3-1 経営規模別農家数の推移

資料：農業センサス集落カードより作成。

2.0～3.0ha層は徐々に増加しているが、3.0ha以上の経営規模の農家はほとんどみられない。こうした階層構成は、真穴地区のミカン産地としての性格に大きく影響を受けていると考えられる。

真穴地区の地形は、海岸沿いの南斜面で高品質なミカン生産に有利である反面、その急傾斜は機械化・省力化を困難としている。このような条件の下

で農家は規模拡大に大きな制約を受けているが、稠密な栽培管理をおこない、ミカン産地として恵まれた条件を生かした高品質生産を追求することで、高い単収と有利な販売価格の実現を目指してきたのである。

2）下部組織の活動

真穴共選では生産に関する機能の多くは、「谷」とよばれる地域ごとに設けられた「推進班」という班組織によって担われている。真穴地区は真網代と穴井という二つの集落からなっているが、谷はそれよりも細かく15に分かれており、10〜20名程度の農家によって構成されている。各推進班には、班長と副班長、会計の三役がおかれている。

推進班の主な活動は、農家が園地を巡回する行事で、「山廻り（やままわり）」とよばれている。山廻りには二種類あり、それぞれの推進班の構成員全員を対象として行われる技術講習会は単に「山廻り」とよばれ、園地の管理状態をチェックすることを目的としたものは「査定山廻り」とよばれている。

技術講習会としての山廻りは、せん定、摘果など主要な作業や、着花、着色など生産の各段階に応じた時期におこなわれる。山廻りにはその推進班の農家のほかに、共選に常駐している農協の技術員も参加し、朝集合して午前は谷のなかの園地をまわる。多くの谷では見本樹を各農家の園地から選び、参加者がその樹で実際に作業するなかで、意見交換などをしてゆく。午後は、近隣の他産地などに視察に行き、夕方から懇親会をする。こうした山廻りは年に五回程度おこなわれる。

査定山廻りは、近隣の園地に悪影響を及ぼすほど管理状態が悪化した園をチェックするものである。推進班の班長と農協の技術員、共選の役員が二人ずつのグループに分かれ、すべての園地を評価してゆく。4月上旬に一回目の評価がおこなわれ、不合格となった園の所有者には改善するように指導がある。その園に対し、5月下旬に二回目の評価がおこなわれ、そこでも不合格となった場合、その年に出荷した果実の清算金が10%減額される。

この査定山廻りで不合格となるケースで多いのは、防風林（生垣）の管理

第3章　地縁的組織化に依存する産地技術マネジメントの意義と限界

不足である。風によってミカンに傷がつくのを防ぐため、ミカン園の周辺には通常、生垣が設けられている。この生垣のせん定が不足すると、アザミウマなどの害虫の発生源となり、また隣接園の防除に支障を来すことになる。真穴地区では、南予用水によるスプリンクラー共同防除を導入しているため、園全体が害虫の発生源となるようなことは少ないが、スプリンクラーによって薬液が葉裏までよくかかるためには、生垣がその障害とならないように管理されている必要がある。

査定山廻りは、園地の管理不足によって、近隣の園地に悪影響を及ぼすことを防止することを主な目的としているものであり、共選役員や農協指導員は、「罰則を科すことではなく、改善を促すことが目的」と説明している。

推進班が直接関わらない行事として、全体での講習会も開催されている。講習会は年に数回開催され、試験場など外部から講師を招き、真穴地区の全農家を対象としておこなわれる。テーマは新品種の特性と栽培方法や新しい摘果方法など、農家に比較的浸透していない技術に関するものが多い。

3．地縁的組織化と革新的農家の動向

1）事例農家の概要

推進班の活動と農家の生産や出荷行動との関わりについて明らかにするため、推進班の班長10名を対象として面談による調査をおこなった。

事例農家の家族構成を**表3-2**、経営面積と品種構成を**表3-3**に示した。事例農家のうち、半数の５戸が専業農家、残りの５戸が兼業農家であるが、全戸が男子の専従者を確保しており、経営主の農外就業はみられないことから、中核的な担い手として位置づけられる。経営面積も全戸が１haを上回っている。

ただし、**表3-4**に示すように経営主が就農してから農業に従事した年数には大きな開きがある。就農後５年未満の３名のうち、２名はすでに経営主となっている。そのうち、D農家は父が病院に勤務しており、現在の経営主が

93

表 3-2　事例農家の家族構成と雇用労働力

農家番号	家族構成（年齢）	農外就業	雇用労働力
A	経営主（基・56）、母（89）、姉（基・68）	なし	x
B	経営主（基・50）、妻（44）、母（補・81）、長女（12）、次女（10）	妻（専門学校教員）	50人日
C	経営主（基・28）、父（56）、母（基・54）	父（病院勤務）	なし
D	父（基・57）、長男*（基・24）	なし	240人日
E	経営主（基・47）、妻（45）、父（補・75）母（補・71）、長女（7）、長男（3）、叔母（60代）	妻（看護師）	100人日
F	経営主（基・49）、妻（補・51）、父（補・78）、母（補・72）	妻（パート）	70人日
G	経営主（基・49）、妻（基・49）、父（76）母（補・72）、次女（24）、長男（22）	次女（市内・恒常的勤務）長男（市内・恒常的勤務）	80人日
H	経営主（基・40）、妻（基・34）、父（基・66）、母（基・66）、長女（10）、長男（7）、次男（7）	なし	130人日
I	経営主（基・37）、妻（基・40）、父（70）母（66）、長女（14）、長男（12）	なし	250人日
J	経営主（基・29）、父（基・66）、母（基・59）	なし	120人日

資料：ヒアリング調査（2006年）により作成。
注：D農家のみ、後継者（長男・24歳）への調査による。年齢の前の「基」は基幹的労働力、「補」は補助的労働力となっていることを示す。xは不明。

表 3-3　経営面積と品種構成

単位：a

農家番号	極早生	早生	南柑	その他	温州合計	中晩柑	経営面積
A	5	76	13	19	113	4	117
B	3	82	34	0	119	5	125
C	15	75	5	0	95	40	135
D	19	82	30	13	144	0	144
E	27	101	33	0	160	0	160
F	20	163	0	0	183	0	183
G	9	139	39	19	206	0	206
H	16	204	2	12	234	0	234
I	57	116	58	17	248	0	248
J	38	128	28	16	209	48	257

資料：ヒアリング調査（2006年）により作成。

就農するまでは主に母が農作業に従事していた。そのため、園地は管理不足となっており、せん定や肥培管理など技術的な面でも高い水準にあるとはいえない状態であった。

　また、4年制の大学を卒業したという意味で高学歴の農家がみられること

第3章　地縁的組織化に依存する産地技術マネジメントの意義と限界

表3-4　経営主の就農までの経緯

農家番号	就農してからの年数	経営主の就業経緯
A	34	次男だが、兄がサラリーマンとなったため、大阪の大学を卒業後、22歳で就農した。
B	30	愛媛県立農業大学校卒、20歳で就農。36歳で結婚。父は6年前になくなった。40歳で経営移譲。
C	4	4年前に就農。東京の専門学校を卒業後、フリーターをしていた。
D	4	神奈川の大学在学中に母が亡くなり、20歳で帰り就農。経営移譲はまだしていない。
E	22	愛媛大学農学部で柑橘の生理を学び、卒業後就農。
F	9	高校卒業後、関西で会社員、40歳の時に、父が70歳になったので就農。
G	27	宮崎の大学の園芸学部を卒業し、22歳で就農。28歳で、父が農協役員となったのを機に経営移譲。
H	16	高校を卒業後、大阪の会社に就職し、1990年に24歳で就農した。
I	16	八幡浜市内で塾講師をしていたが、21歳で結婚し、妻の家で就農。経営移譲は2000年。
J	3	京都の大学を卒業後、新居浜でサラリーマンをしていたが、26歳で就農。2005年に経営移譲。

資料：ヒアリング調査（2006年）により作成。
注：D農家のみ、経営主ではなく後継者の状況について示した。

も特徴としてあげられる。E農家は、愛媛大学で柑橘類の研究室を卒業し就農している。また、J農家は、大学を卒業後、経理の仕事をしていたので、就農した当初から税申告を担当するなどしている。

山廻りには、農協技術員も参加するが、農家同士が意見を交換することが活動の中心であるため、就農してからの年数などによって、農家の役割が変化する。就農してまもない農業者は山廻りでより多くのことを学び、ある程度年数のたった農業者は教える側となる。

2）出荷規模別にみた販売単価と差別化商品への取り組み状況

本項では、事例農家が差別化商品にどのように取り組んでいるのかをみる。農家の革新性をみるうえで、差別化商品にどの程度積極的に取り組んでいるかは重要な指標となろう。以下では主力品種であり、栽培方法などが異なる多くの商品が展開している早生温州について述べる。

まず、表3-5から真穴共選の商品構成を確認する。レギュラー早生は早生温州を生産している構成員は全員出荷しており、その数は200戸である。

95

表3-5 早生温州の商品（2005年産）

単位：人・t・円/kg

	出荷者数	出荷量	精算単価
レギュラー早生	200	5,106,859	111.8
早生早期	160	682,525	146.8
農家手詰め	127	149,628	91.9
早生年明け	122	272,191	102.1
雛の里	67	395,857	163.1
木成り甘熟	28	62,293	191.5
早生完熟	27	91,224	177.1
早生樹冠下マルチ	7	3,171	188.6
早生越冬有袋	2	2,123	489.0

資料：真穴共選資料より作成。
注：精算単価は手数料、出荷経費等を差し引いた農家手取額である。

　農家手詰めは、2S階級の果実を農家が個選により箱詰めして出荷するもので、裾物処理としての性格があることから価格は低い。早生年明けは、出荷作業が1月以降に持ち越されたものである。この二つとレギュラー早生を除いたものを、ここでは差別化商品とみなすこととする。

　早生早期は、着色が早く進み早期に出荷できる園を共選組織が認定して出荷するもので、レギュラー早生より1週間程度早い出荷となる。

　雛の里以下の商品は、栽培過程において共選が指定した管理方法を義務づけ、園地を登録し、共選役員による園地査定をうけて出荷されるものである。おもな差別化の方法には、マルチ栽培による高糖度化をねらうものと、採集時期を遅らせる完熟化があり、この2つの方法の組み合わせにより差別化が図られている。

　これらの差別化商品はレギュラー品と比較して有利に販売しているが、その一方で、それを出荷している農家数や出荷量が限られたものであることもわかる。

　そこで、出荷した差別化商品の種類数と出荷規模別に農家数を集計したものが表3-6である。出荷量が20t以下の農家では、差別化商品を全く出荷していない農家が7割を占めるが、この割合は出荷規模が大きくなるほど低下し、逆に複数の差別化商品を出荷している農家は出荷規模の大きい農家に多いことが示されている。

第3章 地縁的組織化に依存する産地技術マネジメントの意義と限界

表3-6 出荷した差別化商品種類数・規模別にみた農家数（2005年産）

単位：戸・％

		0t-20t	20t-40t	40t-60t	60t-80t	80t-100t
実数	0	44	41	8	4	1
	1	13	29	14	6	0
	2	3	13	4	5	1
	3	0	3	5	2	1
	4	1	0	0	0	0
	合計	61	86	31	17	3
割合	0	72.1	47.7	25.8	23.5	33.3
	1	21.3	33.7	45.2	35.3	0.0
	2	4.9	15.1	12.9	29.4	33.3
	3	0.0	3.5	16.1	11.8	33.3
	4	1.6	0.0	0.0	0.0	0.0
	合計	100.0	100.0	100.0	100.0	100.0

資料：真穴共選資料より作成。
注：表頭は出荷量規模、表側は出荷した差別化商品の種類数を示す。

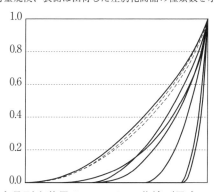

図3-2 商品別出荷量のローレンツ曲線（早生、2005年産）

資料：真穴共選資料より作成。
注：1）横軸は共選構成員の累積比率、縦軸は累積出荷量比率である。
　　2）実線の曲線は、左から順に表3-5の差別化商品の並び順に一致する商品を示す（早生樹冠下マルチ、早生越冬有袋は省略）。また、破線は左から早生レギュラーのうちの特秀・秀品、優品を示す。

　この傾向は、図3-2にも示されている。この図はローレンツ曲線を用いて差別化商品出荷量の農家間の偏りを示したものである。ここからも差別化商品を生産する農家と全く生産しない農家に分化していることが読み取れる。
　しかしその一方で、点線で示されているレギュラー品の秀品と優品については、差別化商品のように農家間の格差がみられない。図3-3からレギュラ

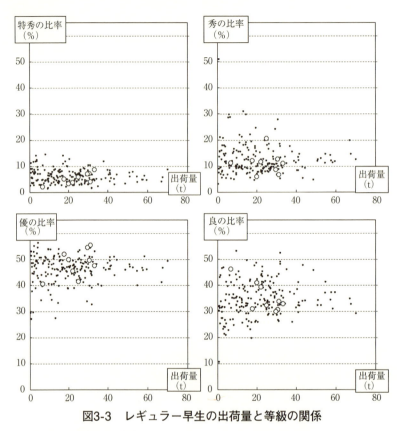

図3-3　レギュラー早生の出荷量と等級の関係

資料：真穴共選資料より作成。
注：各散布図の横軸は出荷量（t）、縦軸は等級の割合（％）である。中抜きのプロットは、表3-2以下の事例農家である。

一早生品種における等級の分布をみても、出荷規模と等級割合にははっきりした傾向はみられないが、強いていえば、比較的出荷量の小さい農家に秀品の割合が高い農家が見られる。ただし、小規模農家では、下位等級である良品を多く出荷する農家もみられることから、農家によって出荷するミカンの品質にばらつきが大きいことがわかる。

　図3-4に示した出荷量規模と販売単価の相関をみても、同様の傾向が認められる。回帰直線は右上がりとなっているがごくわずかであり、決定係数も

第3章 地縁的組織化に依存する産地技術マネジメントの意義と限界

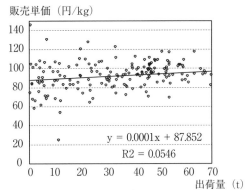

図3-4 出荷量とレギュラー品平均単価
資料：真穴共選資料より作成。

表3-7 早生温州の等階級別点数

実際の等階級別の点数

	3L	2L	L	M	S
特秀	84	117	184	184	117
秀	55	78	122	122	78
優	45	64	100	100	64
良	36	50	79	79	50

市場価格から算出した等階級別の点数

	3L	2L	L	M	S
特秀		138	186	181	146
秀		113	144	140	112
優	57	61	100	113	97
良	49	51	81	96	84

資料：真穴共選資料より作成。

低い。ただし、小規模農家の方が単価のばらつきは大きく、ごく少数ではあるが、かなり単価の低い経営も存在はしている。

このようなことから真穴では、レギュラー商品については、小規模農家の出荷するミカンの品質が劣るとはいえない。しかし、出荷するために事前申請や特別な栽培方法が必要となる差別化商品に対する積極性には、農家の規模によって明確な差が生じていることが明らかとなった。

真穴における共同計算は、表3-7のような点数制によりおこなわれる。ミカンの販売代金はこの点数に応じて各農家に配分される。ここでは、特秀の

99

表 3-8　商品別にみた事例農家の出荷量

単位：a、t

	経営面積	レギュラー早生	早生早期	農家手詰め	早生年明け	雛の里	木成り甘熟	早生甘熟	早生樹冠下マルチ	早生越冬有袋
A	117	8.6	0.0	0.7	0.3	0.0	0.0	0.2	0.0	0.0
B	125	34.0	0.0	0.0	0.0	0.0	0.0	0.0	0.0	0.0
C	135	25.3	0.0	0.0	3.8	0.0	0.0	0.0	0.0	0.0
D	144	x	x	x	x	0.0	0.0	0.0	0.0	0.0
E	160	22.7	0.0	0.8	0.0	8.1	0.0	0.0	0.3	0.0
F	183	32.4	0.2	0.0	8.1	7.9	0.0	5.0	0.0	0.0
G	206	31.4	0.8	0.0	0.0	3.5	0.0	0.0	0.0	0.0
H	234	42.9	0.0	1.6	6.4	2.1	0.0	0.0	0.0	0.0
I	248	18.5	1.8	0.0	0.0	7.5	0.0	0.0	0.0	0.0
J	257	35.9	0.0	2.6	0.0	0.0	0.0	0.0	0.0	2.1

資料：真穴共選資料より作成。
注：x は不明。

ミカンや、マルチ栽培の際に比率が増える傾向にあるS階級が、市場価格を単純に適用して精算した場合と比較して不利に扱われていることがわかる。共選役員や農協職員に対しておこなったヒアリング調査でこの点について説明を求めたところ、小規模農家をミカン生産から離脱させないという明確な目的意識をもって、品質による価格差の拡大を必要以上に拡大させない点数設定をしているという回答が得られた。

　それではつぎに、事例農家における差別化商品の生産状況を表3-8と表3-9により検討していきたい。事例農家は経営面積順に並べてあるが、A農家が小規模に早生甘熟を出荷している以外は、1.5haの小規模な農家に差別化商品の出荷はみられない。E農家以上の規模では、J農家以外は雛の里を生産しており、レギュラー早生と比較しても少なくない量を出荷している。J農家が出荷しているのは、早生越冬有袋である。この商品は、市場側の要望が農協に伝えられ、技術員がJ農家にすすめたことで生産されるようになったものである。したがって、共販組織によって奨励されているというよりは、市場からの要望をもとにして農協技術員と農家の関係のなかで産地に導入された栽培方法といえる。

　J農家は、以前にはハウスミカンを生産していた。その生産をやめたあと、残った施設を活用して屋根かけ栽培に取り組んでいるが、それが早生越冬有

第 3 章　地縁的組織化に依存する産地技術マネジメントの意義と限界

表 3-9　差別化商品への取り組み状況

B	マルチをしいて早生早期に園地を登録したが、去年は着色が遅れて失敗した。下枝に成らせすぎて、下枝に負担がかかりすぎていた。50～60 ケース程度出荷。以前は、木成り完熟を生産していたが樹に負担がかかる。果実の割れが多くなってしまい選果が面倒で、3 年前にやめた。
C	出荷したことはない。袋かけは樹に負担がかかるし将来的に価格がどうなるかわからないので。
D	出荷していない。
E	木成り甘熟を 1997～2001 年まで出荷していたが、隔年結果のリスクを考えてやめた。雛の里は出荷しているが、その出荷量を増やすよりは、全体的に経営面積を拡大したいと考えている。
F	0.24ha をタイベック、雛の里に登録。雛の里は 7.3t ぐらい出荷。
G	雛の里を 2t 出荷。
H	雛の里に出荷している。大玉ではいけないので摘果の手間がかかる。2L 以上はレギュラーとなるので L 以下のミカンを出せるように。130 円くらいの単価となる。
I	45a を雛の里に登録している。
J	早生早期は着色が良くなるまで出せないので、量は少なかった。早生に袋がけして年明けに収穫する商品を 2006 年からはじめた。隔年結果への対策として、枝別に摘果して成らせるところと成らせないところに分け、11 月上旬に 3 日間かけて袋がけし、1 月中旬に収穫した。2t 出荷し、キロ 400 円から 490 円くらいだった。そのほかに、ハウス跡の屋根掛け栽培の早生を 10a、完熟で出荷した。1 月後半から 2 月中旬までの出荷で、2006 年には 8t 出荷した。完熟の商品は一括採集なので手間がかからないのがよい。5 年続けていて、裏 6t、表 8t の単収となる。今年は休ませるためにレギュラーとして出荷。

資料：ヒアリング調査（2006 年）より作成。

袋である。そのため、雛の里は生産していないが、J農家の生産する施設を利用した差別化商品はハウスを導入した経緯のない他農家には生産できないものである。こうした技術的蓄積があったために、農協技術員は越冬有袋の生産をJ農家にすすめたのである。

　露地の温州ミカン専作による高級銘柄の確立と維持を基本的な産地戦略としてきた真穴にとって、ハウスミカンを導入したJ農家はきわめて特異な存在である。なぜなら、露地ミカンからハウスミカンに転換した産地は、ミカン栽培のための自然条件にあまり恵まれないところが多く、施設化によってそれを克服する方向での産地再編を進めてきた側面が強く、真穴の産地戦略とは大きく異なるものだからである。高い技術水準のみではなく、こうした特異性と、高いリスクを引き受けながら新技術の導入を図る姿勢は、革新的農家の特徴を有するものとみなすことができる。

　そのほかに表3-9で特異な存在として注目されるのが愛媛大学を卒業した

101

E農家である。この農家は以前、木成り甘熟を生産していたが、樹体収奪的な側面があると感じたため中止し、現在は雛の里に取り組んでいる。しかし、雛の里も樹勢を低下させる傾向があると感じている。そのため、将来的には差別化商品の生産を縮小し規模拡大を図る方向での経営発展を考えている。

前節でみたように、等階級での価格差は必ずしもマルチ栽培を優遇するものではなかった。調査において、大規模層からはこのことに対する強い不満と、価格差を拡大すべきであるという意見が聞かれたが、E農家だけは唯一、価格差の拡大に反対していた。このことも、過度な集約化による地力や樹体への影響を懸念する考えによるものである。

このように、E農家は差別化商品生産に取り組んではいるが、将来的には異なる方向への経営転換を視野に入れている。この方向が真穴共選にとって本当に望ましいものかは別として、広い視野で産地再編の方向を考えているという評価はできるであろう。

E農家が懸念するように、差別化商品は樹体に大きな負担をかけ、失敗すれば収量や品質が低下したり、隔年結果の原因となるリスクがある。**表3-9**によれば、B農家やC農家にそのような見解がみられる。ここでの事例農家は、経営主の年齢が50代以下で農外就業も少ないので、経営規模が小さい場合は差別化商品に積極的に取り組むメリットもあると考えられるが、安定生産との両立の困難性という技術的要因がそれを妨げていると考えられる。

次にマルチ栽培への取り組み状況を**表3-10**でみると、差別化商品に疑問を持ちながらも取り組んでいたE農家は、マルチ栽培の比率がもっとも高くなっている。それと比較して、C農家は導入の時期が遅く、そのメリットもあまり発揮できていない。マルチ栽培も、樹勢低下の問題につながっていることが伺える。また、大規模層は比較的作業を省力化できる「開閉式」とよばれる方式を導入していた。これは鋼管でマルチを巻き取って開閉するもので、共選が推奨している技術である。

第3章　地縁的組織化に依存する産地技術マネジメントの意義と限界

表3-10　マルチ栽培への取り組み状況

単位：a・%

	経営面積	マルチ面積	マルチ比率	マルチ栽培への取り組み状況
A	117	48	41	不明。
B	125	38	31	北向きで糖度が低いところにマルチを敷く。
C	135	15	11	着色の悪い園にしいてみたが、効果がなくやめた。樹勢が弱る弊害が出た。密植気味なので作業がしにくい。タイベックは2004年にはじめて取り組んだ。ほかの場所で、パイプと黒丸君を使ってしいている場所はある。面積は狭いが、樹がきれいにならんでいてしきやすい場所。
D	144	0	0	なし。労働力が2人しかおらず、父が腰が痛いのでできない。
E	160	120	75	1997年に4反程度から始めた。樹の状態を見ながら灌水をしている。完全に被覆していないので、雨が多いと効果が落ちる。1ha位の面積は、鋼管を使って一人で開閉できるようにしてある。
F	183	24	13	タイベックを敷くようになって着色は良くなった。糖度はもともと高かった。
G	206	130	63	マルチ栽培は1998年くらいからはじめた。糖度の低いところの底上げを目的にし、被覆しなくても糖度が高い園はしていない。16aの園地の場合、3人で1日かけて張る。木がジクザグに生えているので、鋼管を使った開閉式ではなく、黒丸君で押さえている。鋼管代の節約にもなる。タイベックの評価は園地や気候の条件による。九州のような根が深く入っているところではよいが、50cmも根が入っていないところに8割敷くと樹が枯れる。雛の里のために全面被覆をしいていたら、着色が遅れて収量が落ちた園もある。その園は雛の里からランクを落として早生完熟で出荷したが、つぎの年に樹が枯れてしまった。
H	234	57	24	摘果作業と競合するので現在より拡大はできない。効果がありそうな園には大体敷いている。
I	248	120	48	鋼管で開閉式にしている。極早生は7月中旬、早生は8月頭から後半、20号は早生が終わってから。開閉式にすれば面積は広げられるが、雨の多い年には十分効果は出ない。高畝栽培も試したが、これでは根が下に入って横にいかないのでやめた。マルチは15〜16年前に、極早生温州に導入。西宇和でも最も早く導入した方だったので、共選がマルチの効果を調べに来ていた。共選はマルチを推進しているが、これは個人の考えで取り組むものであるから、敷かなくても良いミカンができると思うならば、自分の判断を優先させる方がよい。差別化商品の園地査定については、マルチの敷き方などをチェックするが、厳しく審査して不合格を出すことはなかなかできない。
J	257	60	23	パイプで開閉式にしている。

資料：ヒアリング調査（2006年）による。

3）推進班活動への参加状況と評価

　真穴共選では、前述のように推進班による講習会である山廻りが活発であるが、ここでは差別化商品の生産に関する技術格差は解決できていない。

　山廻りの状況と評価を示した**表3-11**によれば、活動内容に対しては中小規模農家からの評価が高い。特に、C農家とD農家からの評価が高いが、そ

103

表 3-11　山廻りの出席率や評価

A	11 戸のうち、8 戸、7～8 人くらいが参加している。優良園を見に行くことは必要。
B	他地域と合同でするが、この地域では 14 戸のうち 5～6 人が出席。女の人は上下で 4～5 件出ているが、前回はゼロ。摘果のときはいつも出てくる。内容はマンネリ化している。
C	参加人数は、19 戸のうち通常 8 人程度。年配の人と女性は参加しない。8 時から谷の山を廻り、昼からよその山を見て回る。講習会と違うところは、人数が少ないので話をしやすい。山廻りは 50 代もいるので青年部とは話の内容が違う。
D	樹冠上部摘果について一戸に一本ずつ試験樹を設定した。山廻りでは、若い人に技術を教えようということになっている。50 才を過ぎると来なくなる。女の人は来ない。山廻りが少人数で質問しやすい。18 戸あって 13 人くらいが参加。午前は小摘代、午後は真網代、そのあと川上や日の丸にいって夜は懇親会。大変ためになる。
E	男性が 8 人くらい、女性が 4～5 人くらい参加している。年配の人の技術を盗む。
F	横と縦のつながりができる。若い人、年配の人を情報源として。5 戸のうち全戸参加しているが、奥さんが最近出てこなくなった。
G	剪定、着花、摘果、着色山廻りがある。出てくるのは半分くらいでいつも決まった人。70 から 80 才の人は出てこないが、そういう人の方がよいものをつくっている。ほかの農家の園を見に行くのはよいことだと思うが、班長の仕事が大変になるので、回数を減らしても良いと思う。みんなで話し合いながら実際に作業するのがためになるが、ミカンの収穫に忙しいときに行事があるとか、毎年やっているからこの時期にするというのは良くない。
H	9 戸のうち、6 戸が出席。10 年前から上浦と南浦が一緒に山廻りをする。一名は仕事の用事で来ない。そのほかは専業だが参加していない。上浦と会わせて 10 名くらいで山廻りをする。
I	山廻りは、10 戸 15 人程度が出てくる。楽しみ半分で、遠足のような感じでやる行事。決まった行事をこなせばよいという雰囲気である。
J	17 戸のうち 7 戸くらいが毎回参加する。7 人それぞれの見本樹を作るが、忙しいので、半日くらいでよいのではないかと思う。

資料：ヒアリング調査（2006 年）による。

の理由は、少人数で質問などがしやすい雰囲気であることが大きい。

　C農家によれば、青年部などでも研究会活動をしているが、青年部活動は同世代の仲間と活動するのが楽しいことがよく、山廻りは年上の農家から話が聞けるため、それぞれ別の意味を持っているとのことであった。

　小規模農家で農業経験が長い農家でもA農家のように必要性を指摘するものもいるが、B農家はマンネリ化しているという不満を持っていた。

　一方で規模の大きな農家では、G農家は重要性を認めつつ、多忙となることを理由に回数を減らしても良いとし、I農家は「遠足」と表現し、親睦活動としてしか評価していない。J農家は若いが、小規模層の二人のように情報源としてはあまり期待しておらず、忙しくなることを負担に感じている。技術的水準が高く、教える側に回ることが多い農家、あるいは新しい技術を

第3章　地縁的組織化に依存する産地技術マネジメントの意義と限界

表3-12　せん定作業の状況

B	2月中旬から4月上旬くらいまで。2反を10日で。ノコは使わず、ハサミを使ってスプリンクラー防除がかかるようにせん定する。夏芽がふいていて、秋にどこまで予備枝を出せるかが勝負。
C	就農したころは、管理が行き届いていなかった。母はせん定はせず、父がしていた。せん定は、山廻りと同志会で教えてもらう。親よりは、周りから吸収している。せん定は、2から4月に。
D	1月から4月くらいまで。改植しながらせん定する。密植になりそうなところは優先的にやっているので、査定山廻りには合格する。5月にせん定することもあり、そのあと防風林をせん定する。防風林は今年は少し遅れたが、十分に作業を終わらせることはできている。父はせん定や摘果に関して何も言わない。推進班で先輩にならうが、樹を小さく仕立てるのは父にまかせる。
F	去年くらいに、やっとせん定の技術が自分のものになった。
G	1月から3月いっぱいに終わらせる。枝が下に垂れると品質が良くなるが、せん定しすぎると味が落ちる。マイカー線を10〜15本使って枝つりをする。
H	2月下旬から4月くらいまで。父と2人で。時間がなくて、何割か無せん定となってしまった。
I	2月頭から花が咲くまで選定する。隔年結果があまりない極早生は、後回しになってしまう。
J	一部12月、1月から3月。父と2人で大体できる。

資料：ヒアリング調査（2006年）による。

　自ら試行錯誤してゆくことを重視している農家にとっては、毎年決まったテーマで、決まったメンバーで開催される山廻りの評価が低いのもやむを得ないところである。

　以上のように、山廻りの内容は毎年同じようなものとなっており、若い農家を中心に一部の農家からは地域の広い農家層と交流を持てる場として評価されているが、それ以外の農家からは、技術習得の場としては期待されず、親睦的な意味合いが強いと考えられている。

　しかし、若い農家が基本的な技術を習得する際の意義は大きい。**表3-12**に各事例農家がせん定作業に、どのように取り組んでいるかを示した。C農家とD農家は、せん定の技術を習得している段階にあるが、情報源としているのは家族ではなく、山廻りなのである。特に、C農家が就農するまでは、病院勤務の父親が経営主であったが、ほとんどせん定がされておらず、園地が荒れていた。このように、家庭内にせん定の技術を学ぶ対象がない場合には、山廻りにおける技術習得は特に重要なものとなる。このような事情が、彼らが山廻り活動を高く評価する要因となっているのである。

105

4．真穴地区における産地技術マネジメントの特徴

真穴地区における産地技術マネジメントの概要を図3-5に示した。以下では、本章において観察された取り組みについて図中の番号順に整理する。

①②

販売先からの要望で、早生完熟を商品化した。技術の新規性はさほど高くないが、栽培に施設を要するため、農協職員が対応可能な農家に直接生産を呼び掛けた。したがって、技術導入のプロセスは計画的なものとみなすことが出来る。新技術は、ほかの農家には広まっていない。

③④

共販組織では、「雛の里」などマルチを使用する差別化商品の仕様を決定した。農家がそれらの商品を生産する場合は、差別化商品の品質を確保するために、共販組織の役員・支部長がマルチの状況や圃場の状態などを確認している。

⑤

共同計算においては、品質による価格差を緩和するような精算方法がとられていた。そのようにする理由は、品質の高くない農家の脱落を抑止するこ

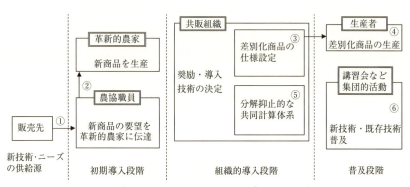

図3-5　真穴産地の産地技術マネジメントの特徴

資料：筆者作成。

とを意図しているためである。マルチ栽培で多く精算される小玉果の生産価格が抑えられているため、マルチ栽培面積増大を妨げていることが懸念される。そうしたことに対して、出荷量の多い農家は不満を感じている。

⑥

地縁的組織において既存技術の維持継承を図る活動が実施されている。年間実施回数が多く、就農してまもない者などに技術を継承するという点では高い成果をあげている。荒廃園の発生を防ぐ取り組みも地縁的組織を基盤としておこなわれる。ただし、技術水準の高い者が、内容に物足りなさを感じているという問題もある。

次に、技術対応の整合性を図3-6に整理した。歴史の長い銘柄産地としての評価は、事例地域のミカン生産に適した自然条件と稠密な栽培管理に支えられている。共販組織の運営において農家の脱落抑制が強く意図されていることは、優等産地として恵まれた園地条件の荒廃化と、規模拡大による管理の粗放化を阻止する必要性と整合的である。地縁的組織により技術を維持・

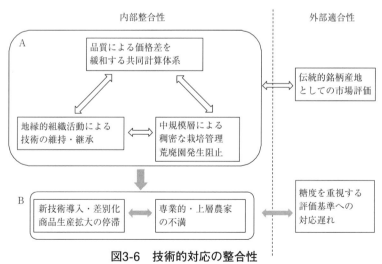

図3-6 技術的対応の整合性

資料：筆者作成。
注：白抜きの矢印は、望ましい関係、グレーの矢印は望ましくない関係であることを示す。

継承する取り組みも、栽培管理の水準を一定に保つことに貢献している。また、200戸を若干超える程度という比較的規模の小さな共販組織で、地縁的組織への依存が強いということは、共販組織の構成員同士をよく知っているということであり、そのことも農家数維持が強く意識される要因となっているのではないかと考えられる。

これらの特徴は互いに整合的・補完的であり、それを図3-6ではAにグループ化して示している。Aに示された1群の特徴は、伝統的銘柄産地としての市場評価によって方向付けられているとともに、その評価をより高めることに適合的である。

しかしAの諸特徴は、図3-6Bに示した望ましくない状況をもたらす要因となっている。品質差が価格に十分反映されない精算方法はマルチ栽培の拡大を遅らせている。差別化商品やマルチ栽培が樹勢低下につながる問題について、組織的に対策を模索する動きは今のところみられない。専業的・上層農家は、これらの地縁的組織活動の革新性の低さ、高品質生産への努力が十分にメリットを得られない精算方法と、それによってもたらされる新技術導入の遅れに対して強い不満を感じている。

5．小括

真穴の最大の特徴は、階層分解における中規模階層の著しい肥大化であるが、共販組織のあり方も、この傾向に適合的なものとなっている。

地縁的組織による既存技術の維持・継承は、農家間の品質格差を平準化し、伝統銘柄と集約的な栽培管理に支えられた産地戦略を支えている。共選役員や農協職員などは、小規模層の脱落を抑制するような共選運営を意識的におこなっており、共同計算体系などにそうした特徴が認められる。

しかし、既存のレギュラー商品において品質の平準化が顕著であるのに対し、差別化商品については、積極的に取り組む農家とそうでない農家にはっきりと分化している。そして、差別化商品を生産できない理由は技術的な困

第3章　地縁的組織化に依存する産地技術マネジメントの意義と限界

難性によるものであり、その解決を図る組織的な動きはみられなかった。

　地縁的組織による講習会では、差別化商品の生産技術を普及することは難しい。それは、講習会が地縁的な結合に依存しているために、親睦会的な意味をもち、毎年似たような内容となってマンネリ化していることが原因である。地縁的組織化による講習会活動は、既存の技術、基本的で必須の技術の維持・継承には有効であり、若い世代の農家から技術を習得する場としての評価は高い。しかし、新規の技術、基本技術に対して追加的に加えられる改良、難度の高い技術の普及には有効性が低い。

　このような性格が強いことは、産地再編の停滞的、現状維持的な動向と関わりがあると考えられるが、真穴においても革新的な性格をもつ農家は存在していた。しかし、彼らの動きを共販組織の組織方針に取り込み、地域的な産地再編に結びつけようとする取り組みは弱いといわざるをえない。

　普及機能が地縁的組織化に依存していて、彼らの動きが全体に波及しないということもその理由であるが、共同計算の方法が、必ずしもマルチ栽培などの高品質栽培を奨励する方法になっていないことも要因としてあげられる。これは、革新的農家の取り組みが共販体制のなかで正当に評価されているかという問題であり、この点に関する大規模層の不満は強かった。

　共選指導者層が農家の脱落防止という明確な目的意識をもって、このような共同計算体系を採用していることはヒアリング調査により確認されたが、全体としてみれば上位等級の割合に経営規模はあまり関係なく、秀に限ってみれば小規模層に出荷比率の高いものも多かったため、この共同計算の点数制が実際に小規模層への所得再分配機能を持つのかは疑問である。

　本章の事例である真穴産地は、序章でみた太田原の農協理論の中核である中農化運動を非常に高い次元で実現しているということができる。しかし、そこでは太田原が描いたような農民主体による力強い経営の変革[2]が見ら

─────────────────────────────

（2）太田原においてそれは「農民的複合経営」の導入であった。しかし、これはミカン産地に直接適用できるような内容ではない。ここではさしあたり、イノベーション全般の活性度を問題としている。

109

れたとはいいがたい。本章の事例からは、中農層形成の動きと技術や経営の
変革の動きが必ずしも連動するものではないことが示唆される。

第4章

産地技術マネジメントにおける
技術対応組織の有効性

1．本章の課題

　前章では、地縁的な支部組織に依存した技術対応のみでは、新技術の導入が進展しにくいことを指摘した。そこで本章では、新技術の導入・普及に特化した体制を共販組織内部に設けている事例を取りあげ、その有効性を検討する。

　本章の事例である熊本県熊本市農協の柑橘部会では、1998年に組織とブランドの再編をおこない、ブランド名を新たに「夢未来」としたが、その際に「生産プロジェクト」という組織を新たに設けた。生産プロジェクトは、共販組織としての技術対応を組織的におこなうことを目的に設けられたものである。

　この熊本市農協の事例においても、前章でみたのと同様な支部単位の講習会活動がみられる。生産プロジェクトはそれと併存する形で設けられたもので、支部組織を構成員の基本的な選出単位としているが、前章でみたような地域単位の活動をおこなうのではなく、革新的な農家を中心として新技術の導入促進などに関わる活動をおこなうプロジェクトチームのような存在となっている。このように技術対応の目的に特化した共販組織内のグループのことを、本書では「技術対応組織」とよぶことにする[1]。

111

2. 地域農業の特徴と産地の歴史

　熊本市農協は、旧熊飽郡を範囲とする広域農協で、2度にわたる農協合併
を経て1992年に設立された。熊本市のなかでもミカン生産の中心となってい
るのは、旧河内町の河内地区、白浜地区、芳野地区の3地区である。3地区
に設立されていた農協は、1965年に合併して河内農協となったが、その後も
共販体制は統合されず、それぞれが独立したミカン産地として共販体制をと
ってきた歴史がある。

　河内地区では、1932年に県立農業試験場が設置されたことによりミカンの
栽培技術が普及し、早くから産地化が進んでいた。戦前のミカン生産面積が
最大となった1940年までには、ミカン専作化もある程度進んでいた。生産さ
れるミカンの共販率は旧河内町全体では6～7割であったが、河内地区では
農協共販よりも古い歴史を持つ集荷商人が複数存在しており、農協共販に匹
敵する出荷規模を誇る商人もあった[2]。

　白浜地区も戦前からの歴史を持つ産地である。白浜農協は設立時から共販
体制の確立に積極的であったが、当初は全量出荷の申し合わせがほとんど守
られなかった。河内農協への合併後、1968年から共販体制の強化が図られ、
申し合わせを守らない農家を除名するなどの措置がとられた。これを機に白
浜地区で生産されるミカンのほとんどが共販により出荷されるようになり、
銘柄産地としての評価も高めることができた。このような共販体制を確立で
きたのは、白浜地区の農家の多くが親類関係にあり、同一の宗教を基盤とし

（1）棚谷ほか（2015b）では、園芸部会青年部による技術対応の事例が分析されて
　　いる。本章の事例とは、新技術の導入とそのマニュアル化がおこなわれてい
　　る点など取り組み内容において共通する特徴が見受けられる。相違点は、本
　　章の事例では構成員の選出方法が「青年部」という世代に依拠しておらず、
　　技術的に先進的な農家が選ばれている点である。また、棚谷ほか（2015b）では、
　　支部組織など地域単位での活動との関係については述べられていない。
（2）川久保（2007）による。

第4章　産地技術マネジメントにおける技術対応組織の有効性

て生活上の組織も強固であるなど、農家同士の連帯性が強いことが要因であると指摘されている[3]。

　芳野地区は旧河内町の内陸・山間部に位置し、ミカンの生産条件では河内地区や白浜地区ほど恵まれていない新興産地である。地区内の農家は、ナシやウメなどの落葉果樹との複合経営が多い。

　河内地区は1995年に全国で初めてミカンに光センサー選果機を導入したが、1998年に光センサー選果機を備えた選果場を3地区で共同して新たに建設することになり、ブランドも「夢未来」に一本化した。これにより、旧河内町の3地区に、熊本市農協のそれ以外の地区の農家若干名を加えた450名により、柑橘類約3万トン、販売高40億円前後の産地が形成された。

　組織も熊本市農協果樹部会の中の柑橘部会として一本化された。また、ブランド統合後は、商人出荷農家の農協共販への加入が増加し、2005年には486名にまで共販参加農家が増加した。

　農家数の推移や専業農家率を表4-1に示したが、専業農家率は前章の真穴地区より低く、次章の三ヶ日地区より高くなっている。

　図4-1に示した規模階層構成でも、真穴地区よりも広い規模階層に分散しているが、三ヶ日地区よりは中規模層の比率が高い。

　以上から、本事例における農家階層構成分化の程度は、前章の真穴地区より高く、次章の三ヶ日地区よりも低いということができる。

表 4-1　専業農家率の推移

単位：戸・%

	総農家数	専業農家数	専業農家率
1970	1,281	645	50.4
1975	1,256	565	45.0
1980	1,240	492	39.7
1985	1,202	501	41.7
1990	992	462	46.6
1995	915	385	42.1
2000	856	340	39.7

資料：農業センサス集落カードより作成。

（3）大浜（1993）p.706による。

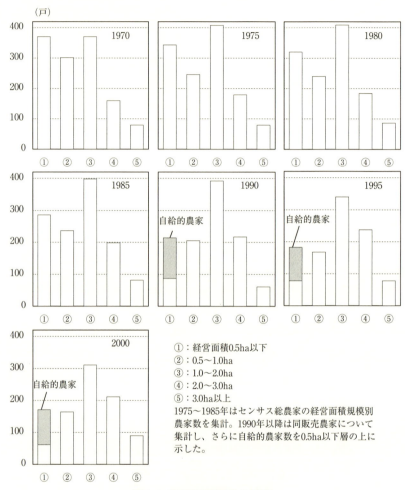

図4-1 規模階層構成の推移

資料：農業センサス集落カードより作成

3．共販運営と部会における組織活動

　熊本市農協柑橘部会の産地技術マネジメントを分析するにあたり、まずは当該部会における技術面および販売面での課題、共同選果・共同計算の体系、部会組織内部の編成などについてみておきたい。

1）熊本県の県オリジナル品種開発と果樹農業振興に関わる組織

　卸売市場において有利に販売するためには、計画的で安定した出荷体制を確立することが重要である。そのため、多くのミカン産地では時期別に奨励品種を定め、それぞれの生産量を調整して長期的な販売体制を確立することを目標としている。

　熊本県では、県の果樹研究所でオリジナル品種を多数育種し、これらの品種によるリレー出荷体制の確立に取り組んでいる。熊本市農協柑橘部会においても、県オリジナル品種を中心とした生産・販売計画を作成しているため、以下では県段階における果樹振興の取り組みについて述べる。

　果樹研究所とは、熊本県の農業試験研究機関である熊本県農業研究センターの果樹部門であるが、1998年に研究機関の再編によって現在の体制となるまでは、農業試験場から独立した果樹試験場という組織であった。熊本県では戦前から本事例の河内地区に柑橘試験地を設置するなどして果樹の生産振興を図ってきたが、戦後においても果樹試験場を独立組織とし、果樹農業振興に力を入れてきた。

　この果樹研究所によって、**表4-2**に示したように数多くの新品種が開発されている。これらの品種を有利販売につなげるため、県は果樹農業振興計画のなかで、「県オリジナル柑橘への転換促進により、オリジナル柑橘類の栽培面積シェアを、現在の2倍に拡大する」、「量販店の独自ブランド要求に対応するため、柑橘類では整備の進んだ光センサー選果システムの活用に併せ、県オリジナル品種のリレー出荷体制の確立、栽培法や出荷時期にこだわった

表 4-2　熊本県果樹試験場が育種・登録した品種

品種名	登録年	特徴
肥のあかり	2004	9月下旬から出荷する極早生の主力品種
豊福早生	1995	10月上旬から出荷する極早生の主力品種
肥のさやか	2004	「豊福早生」の特性が発揮しにくい地域向けの補完品種
肥のあけぼの	1995	10月中下旬から出荷する極早生の主力品種
肥のあすか	2004	11月上旬から出荷する早生の主力品種
肥のみらい	2005	12月上旬から中旬に出荷する品種で、2006年から県内産地に実証圃を設置し、2008年から産地化を図る予定
白川	1986	12月下旬の出荷と1月以降の貯蔵出荷に向く品種

資料：熊本県果実農業協同組合連合会、熊本県農業研究センターホームページ
　（http://www.pref.kumamoto.jp/construction/section/nouken/index.html, 2007年7月23日）
　より作成。

商品作りを進める」と定めている[4]。

　この方針を推進するため、県庁や専門連の熊本県果実農業協同組合連合会（果実連）による「果樹振興対策本部」が設けられており、この組織によって、果樹農業振興のうえで行政と農協系統が連携する体制がとられている。果実連は、果樹の販売・指導事業をおこなう専門連合会である。

　専門連の最大の特徴は技術指導に事業の重点があることで、単協に技術指導員を出向させ、それによって専門連本部の方針を産地に反映させ、産地の情報を専門連に集約している。指導員の技術水準は高く、定期的に県内他産地へと出向先を配置換えすることによって、技術水準を高める体制となっている。熊本県以外の専門連の多くは、2000年前後に経済連や全農県本部に統合されたが、技術員の農協への出向体制は現在でも維持されている。熊本市農協においても、果実連からの出向者2名が技術指導や販売業務を担当している。

　販売面では、中晩柑品種である不知火の登録商標「デコポン」の商標権を保有していることが有名である。不知火が市場に流通し始めた初期は各県がさまざまな名称で不知火を販売していたが、それにともなう混乱を避けるため、熊本県果実連と日園連との契約により、農協系統が販売する不知火のう

（4）部会総会資料による調査時点（2006年）の方針である。

第4章　産地技術マネジメントにおける技術対応組織の有効性

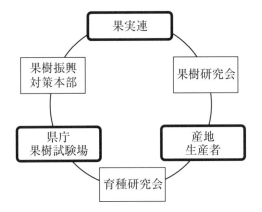

図4-2　熊本県の果樹振興に関わる組織体制

資料：各組織へのヒアリング調査（2004年、2006年）
　　　より作成。

ち、品質基準を満たしたものに広く「デコポン」の名称を使用することが許可された。

　県内の果樹産地が生産・販売対策を協議する組織としては、熊本県果樹研究会があり、果実連が事務局となっている。この研究会は各産地の農家で構成され、それぞれの地区から役員が選出されている。果樹研究会では、毎年開催される柑橘生産対策会議において、前年の販売結果、その年の生産対策、各産地における取り組みなどを報告・協議している。このほか、果樹研究所が事務局となる育種研究会が設置されており、育種された新品種の試験栽培などに取り組んでいる。以上の果樹農業振興に関わる組織の関係は、**図4-2**のように表される。

2）熊本市農協における品種構成と継続出荷体制

　熊本市農協柑橘部会では、**表4-3**のような目標を立てて長期継続販売体制の確立に取り組んでいる。現在の温州ミカン出荷体制の課題は、10月上旬の販売量の拡大、早生の完熟・貯蔵品の販売体制確立、12月下旬販売の品種「尾

表4-3　時期別の出荷量と品種

単位：t

	極早生 10月			早生 11月			普通 12月			貯蔵 年明		
	上旬	中旬	下旬	上旬	中旬	下旬	上旬	中旬	下旬	1月	2月	3月
2002	1,045	2,302	2,822	2,522	3,102	2,365	2,133	1,992	2,506	2,106	1,339	45
2003	492	1,422	2,440	1,664	2,209	2,486	2,471	2,795	2,687	2,644	1,058	82
2004	692	2,187	2,533	2,106	3,377	1,861	1,847	1,208	2,787	1,400	500	
2005	1,292	2,415	3,097	2,926	3,141	2,211	2,008	1,705	2,057	1,861	1,272	310
2008 目標	2,000	2,500	2,500	3,000	3,000	2,500	2,500	3,000	3,000	3,000	1,500	500

品種構成：

- 肥のあかり
- 肥のさやか
- 豊福／完熟
- 日南
- 肥のあけぼの
- 上野
- 興津・その他早生
- 完熟・貯蔵早生
- 尾崎
- 金峰／青島
- 今村

資料：熊本市農協柑橘部会資料より作成。

崎温州」[5] の年明けの販売の確立、年明け販売体制の確立の4点である。

　長期販売体制のなかには、県で育成された品種が組み込まれている。これらの品種のうち、豊福や肥のあけぼのはある程度出荷量を伸ばしているが、肥のあかりや肥のさやかは今後生産量を伸ばしてゆく段階にある。また、尾崎温州は県オリジナル品種ではないが、商材が量的に不足する12月中旬から下旬に出荷される品種で、高品質であるため生産の拡大が期待されている。

　しかし、これらの品種は結実しにくい特性があるなど、従来の品種と同様の栽培管理では失敗する例があることから、一部の農家にしか広まっていない。

3）共同計算の精算方法と差別化商品

　熊本市農協柑橘部会では、多くのミカン産地と同様に点数制による精算方法をとっている。選果場の統合と光センサー選果機導入を契機として、一定の糖酸の基準を満たしたミカンを差別化商品である「特選」、それ以外を「レ

（5）正式な品種名は「させぼ温州」である。

第4章　産地技術マネジメントにおける技術対応組織の有効性

ギュラー」として区分し、別共計とするようになった。

　この方法では、光センサー選果機によって選別されるすべてのミカンが「特選」となりうるのだが、商品差別化をさらに追求し高品質生産を奨励するため、生産段階から園地の登録が必要な「ハイグレード」の区分を2005年に新設し、通常の果実とは別受け入れとした。

　ハイグレードを出荷するには、定められた時期や方法によりマルチの被覆作業を完了させたうえで、部会役員による園地の確認を受ける必要がある。さらに、完熟化を図るため遅い時期に収穫し、庭先選別に厳しい基準を適用する必要がある。

　農家がハイグレードを生産するうえでの主な制約として、選果基準が厳しくなることによる労力面の問題と、収穫時期が遅くなることによって樹体に負担がかかるという技術面での問題がある。

　後者については、施肥やせん定、摘果などの管理作業により樹勢回復ができなかった場合、単収の水準や安定性に大きな悪影響がある。

　こうした問題があるため、単価が高い（**表4-4**）にもかかわらず、**表4-5**に示したようにハイグレードを生産する農家数は多くはない。また、**表4-5**

表 4-4　品種別の出荷量と価格

単位：t・千円・円/kg

		出荷量	目標出荷量	販売高	単価
極早生	肥のあかり	5.9	2,000	1,128	192
	肥のさやか	686		97,508	142
	豊福	1,934		254,048	131
	肥のあけぼの	1,090		147,168	135
	その他	335		33,032	99
早生	早生レギュラー	7,779	9,000	942,294	121
	早生ハイグレード	62		19,257	309
	早生貯蔵	3,805	5,000	510,220	134
	尾崎レギュラー	243	1,500	49,335	203
	尾崎ハイグレード	12		3,334	285
	その他	204		31,686	155
普通	青島・金峰レギュラー	4,929	4,500	795,547	161
	青島ハイグレード	19		5,675	295
	今村	318	1,000	64,296	202
	合計	17,705		2,454,676	139

資料：熊本市農協柑橘部会資料より作成。
注：目標出荷量は、特に定められている品種のみ表示した。

119

表 4-5　差別化商品生産とマルチ栽培の状況

単位：戸・t・%

		被覆期限	確認日	出荷農家数	生産量	マルチ被覆率
レギュラー	極早生	7月15日	7月20日	320	4,000	59.0
	早生	8月10日	8月12日	278	4,600	49.0
	尾崎	8月10日	8月12日	110	310	52.0
ハイグレード	早生	7月1日	7月3日	22	64	100.0
	尾崎	8月1日	8月4日	18	30	100.0
	青島	8月1日	8月4日	19	58	100.0

資料：熊本市農協柑橘部会資料より作成。

表 4-6　共同計算の指数

	特選			レギュラー		
	秀	優	良	秀	優	良
2L	133	117	83	67	50	27
L	167	133	100	117	67	33
M	167	133	100	117	67	33
S	133	117	93	83	50	33

資料：熊本市農協柑橘部会より作成。
注：農家向けに示された参考値である。

に示したように尾崎温州は、前述したように現在奨励されている品種であるが、この品種自体の栽培の難しさもあって、出荷量はさらに少なくなっている。

　精算の方法は点数制だが、前章でみた真穴共選では等階級別の点数をあらかじめ設定していたのに対し、熊本市農協ではプール期間ごとに市場価格を算出し、それに対して糖度・酸度に応じてあらかじめ決められた補正（加減点）を加えるものとなっている。

　表4-6と**表4-7**は、共同計算における指数について示したものである。**表4-6**の指数は市場での販売結果をもとにプール計算の期間ごとに算出されるもので、ここに示したのは一例である。**表4-7**の糖酸度による加減点は販売前に設定され、毎年9月頃に全農家を対象としておこなわれる「出荷協議会」などで農家に周知される。この表は2006年度の指数で、糖度が0.3度きざみに指数が設定されている。以前はこの指数は0.5度きざみで設定され、高糖度でも加点が最大で20点であったが、点差を拡大する方向で変更がなされてきている。

第4章　産地技術マネジメントにおける技術対応組織の有効性

表4-7　糖酸度による加減点

		9.4度以下	9.5~9.9	10.0~10.4	10.5~10.7	10.8~11.0	11.1~11.3	11.4~11.6	11.7~11.9	12.0~12.2		
糖度点	極早生	0	2	10	12	14	16	18	20	22		
	早生	0	0	2	4	10	15	17	19	21		
	普通	0	0	2	4	6	10	15	20	22		
		12.3~12.5	12.6~12.8	12.9~13.1	13.2~13.4	13.5~13.7	13.8~14.0	14.1~14.3	14.4~14.6	14.7以上		
糖度点	極早生	24	26	28	30	32	34	36	38	40		
	早生	23	25	27	29	31	33	35	37	40		
	普通	24	26	28	30	32	34	36	38	40		
		0.59以下	0.60~0.69	0.70~0.79	0.80~0.89	0.90~0.99	1.00~1.09	1.10~1.19	1.20~1.29	1.30~1.39	1.40~1.49	1.50以上
クエン酸	極早生	0	3	5	5	5	3	0	−3	−6	−10	−15
	早生	0	3	5	5	5	3	0	−3	−6	−10	−15
	普通年内	0	3	5	5	5	3	0	−3	−6	−10	−15
	普通年明	0	0	3	5	5	3	0	−3	−6	−10	−15

資料：熊本市農協柑橘部会資料より作成。

4）部会組織の活動

　部会役員の構成は**表4-8**のとおりである。役員が参加する主な会合として役員会と支部長会議があるが、役員会は必要に応じて随時開催され、産地としての基本的な方針や販売対策、精算方法など部会と事業運営全体にかかわることが協議される。支部長会議は、各支部におかれた支部長がそれぞれの地域からの要望などを役員に伝え、また役員会で決定したことを各支部に伝達するもので、連絡調整が主な内容である。

　役員会と支部長会議とは別に、選果場が統合した2000年から「生産プロジェクト」という組織が設けられている。その目的は部会の生産技術への対応

表4-8　柑橘部会の役員

単位：人

部会長	1	販売副部長	2
副部会長	1	中晩柑部長	1
会計	1	ハウス部長	1
生産部長	1	女性部長	1
生産副部長	1	青年部長	1
販売部長	1	監事	2
		合計	14

資料：熊本市農協柑橘部会資料より作成。

を、高い技術水準をもつ農家に担当させることである。

　生産プロジェクトの構成員は、部会役員からは生産部長・副部長が参加するが、それ以外は部会役員とは別に各地区から選出されたメンバーと、青年部代表の2名からなっており、2006年では16名の農家により組織されている。地区から選出されるのは、技術的に先進的な農家や専業農家、あるいは地域から技術を学ぶことを期待されている若手農家である。

　生産プロジェクトの活動内容は、農協技術員や県普及員と共同で年間の技術指導の方針を検討することや、マルチ栽培をはじめとする高品質生産技術の試験研究、視察による他産地の動向の把握などである。生産プロジェクト会議は毎月開催され、普及員や農協技術員も参加して各月の栽培管理作業の指導方針について協議している。ここで決定された方針は農協の指導に反映されるほか、Faxなどをつうじて部会員に配布される。

　また、前述のように部会として生産の拡大を図っている品種のなかには従来の栽培管理の方法では失敗しやすい品種もあり、これらの栽培方法の確立が生産プロジェクトの大きな課題である。そのための対応として、2002年に当時の生産プロジェクト長の発案により開始され、3年間の試験栽培をとおして完成した「柑橘栽培マニュアル」がある。

　これは30数ページの冊子で、新品種を改植や高接ぎなどで導入した場合に、未収益期間を短縮して早期に成園化をはかるという視点から栽培管理の方法が解説されている。全ページカラーで、写真でせん定の方法などが掲載されているが、これは生産プロジェクトのメンバーが実際に作業をおこないながら撮影したもので、農家の体験にもとづいた説明がなされている。

　果樹研究所などの試験研究機関において育成された新品種については、各産地の地形・気候条件に応じた栽培管理方法を産地段階で確立する必要があるが、生産プロジェクトの取り組みはその役割を担うものと評価できる。

　また、他産地の視察も生産プロジェクトを中心におこなっている。愛媛や和歌山、静岡などの主要産地を対象に，年2回から3回程度、生産プロジェクト構成員と部会役員、農協技術員、県普及員がそれぞれの産地を担当する

第4章　産地技術マネジメントにおける技術対応組織の有効性

グループに分かれて視察をおこなう。視察では他産地の新たな品種や生産技術のほか、予想生産量や品質調査がおこなわれ、その年の販売計画の作成や農家の意識高揚のための情報として利用される。

　技術講習会に関しては、生産プロジェクトが主催し全体を対象とするものと、支部ごとにおこなわれるものの二つがある。プロジェクトが主催するものは年二回程度おこなわれ、新品種での栽培管理方法など、その都度特定のテーマを設定して開催される。

　これらのほかに部会でおこなわれる主要な活動を**表4-9**に示した。部会員全体を集めておこなうのは5月の柑橘部会総会と9月の出荷協議会である。

表4-9　柑橘部会の主要な活動（2005年度）

時期	活動内容	活動状況
4月25日	監査・役員会	前年度監査
4月28日	地区別説明会、新梢管理講習会	生産販売対策、着果対策講習会
5月7日	支部長会議	前年度事業実績および今年度事業計画について
5月19日	第6回柑橘部会通常総会	前年度事業実績および事業計画について
5月24日	ハウスミカン部総会および販売対策会議	ハウス部総会およびハウスミカン販売対策
6月20日	中晩柑全体会議 摘果講習会	前年度販売実績および生産対策について 摘果講習会
7月21〜22日	全国柑橘研究大会	大分県
8月10〜11日	女性部支部長研修	愛媛県
8月22〜23日	夢未来みかん消費地会議	ミカン消費地会議
8月31日	園地一筆調査	園地調査（園地状況・果樹共済・需給調整など）
9月12日	夢未来みかん出荷協議会	
9月15〜16日	熊本県みかん出荷協議会	熊本ミカン販売対策について消費地会議
9月26日	極早生ミカン販売対策会議	極早生出荷時期について市場と協議
10月26日	早生ミカン販売対策会議	早生ミカン出荷時期について市場と協議
10月27日	早生ミカン出荷全体会議	早生ミカン出荷要領について説明会開催
11月25〜26日	緊急販売対策会議	販売状況、販売対策について（東京）
12月3日	青島・金峰販売対策会議	青島系ミカンの販売について市場と協議
1月13日	夢未来ミカン販売反省および次年度生産対策会議	販売反省および次年度対策について市場と協議
2月16日	熊本県中晩柑出荷協議会	熊本県中晩柑販売対策について
2月7〜22日	地区別説明会	生産販売反省、次年度産生産販売対策
3月5〜6日	役員支部長研修	福岡県・北九州市
3月10日	女性部全体研修	柑橘選果場

資料：熊本市農協柑橘部会資料より作成。

123

前者は事業報告と事業計画について、後者は市場関係者も出席してその年の販売方針や集出荷の方法などについて協議される。市場などと販売に関して協議するのは役員であり、8月頃から協議会が開催され、東京で会議がおこなわれることもある。

　以上のように、役員会が全体の事業方針と販売面、支部が連絡調整と支部内での技術講習会、生産プロジェクトが部会全体での技術対応をそれぞれ中心的な活動内容としながら部会運営にかかわっている。

4．事例農家の概要と組織活動への参加状況

　前節までで述べたように、生産プロジェクトと各支部での講習会の2つの活動が熊本市農協柑橘部会における技術対応の中心となっている。以下では、こうした活動と個別農家の経営行動との関わりについて、ヒアリング調査のデータにより分析するが、本節ではまず事例農家の概要と特徴について述べる。

　ヒアリング調査は部会の役員14名のうち9名、生産プロジェクト16名のうち8名、支部長25名のうち4名に対しておこなった（**表4-10**）。これらの農家が技術的にどのような水準にあるかをみるうえで参考になるのが、就農までの経緯である。調査対象農家で目立つのが、果樹栽培、あるいは流通に関する専門的な研修や教育を受けてから就農するケースである。

　これに該当するのは、愛媛大学農学部の柑橘類の研究室を卒業した4番農家や10番農家、農水省の試験場の研修制度に参加した7番、9番、21番農家、県の果樹研究所で研修した13番農家、卸売市場や果物専門店で研修した5番農家である。これらの農家の研修に対する評価は高く、在学中の後継予定者のいる5番農家や9番農家は、自分と同じ研修先に研修に行かせてから就農させたいと考えている。

　9番農家は県の育種研究会の会長も務めているほか、部会が毎年実施している出荷成績優秀者の表彰でも何度か表彰されており、技術的に高い水準に

124

第4章 産地技術マネジメントにおける技術対応組織の有効性

表4-10 事例農家の役職と経歴

農家番号	地区・支部名	年齢	調査時の役職	過去の役職	就農までの経緯
1	白浜・下	55	副部会長	販売部長 (2004〜2006)	農業高校卒業後就農。
2	白浜・上	47	会計		高校卒業後就農。
3	芳野・横山	50	販売副部長		農業高校卒業後就農。
4	白浜・小崎	46	監事	生産プロジェクト (2000〜2002) 支部長 (2004〜2006)	愛媛大学農学部を卒業後就農。
5	芳野・岳	52	監事		高校卒業後、東京都中央卸売市場で半年、東京の果物専門店で2年半研修したあと就農。
6	河内・尾跡1	42	販売部長	販売副部長 (2004〜2006)	高校卒業後銀行に4年勤め、22歳で就農。
7	白浜・陰	41	青年部部長		高校卒業後、農水省果樹研究所口之津支場で3年の研修後に就農。
8	熊本市・池上	55	生産部長	生産副部長 (2004〜2006)	高校卒業後会社員となったあと、21歳で就農。
9	河内・葛山	43	生産副部長	生産プロジェクト長 (2002〜2004) 生産プロジェクト (2004〜2006)	高校卒業後、農水省果樹研究所口之津支場で3年の研修後に就農。
10	河内・中川内	43	生産プロジェクト長	生産プロジェクト (2004〜2006)	愛媛大学農学部を卒業後就農。
11	芳野・岳	42	生産プロジェクト		農業高校卒業後就農。
12	白浜・陰	41	生産プロジェクト	生産プロジェクト (2004〜2006)	高校卒業後、県立果樹研究所で1年間研修した後に就農。
13	芳野・植山	43	生産プロジェクト	生産プロジェクト (2000〜2002、2004〜2006) 青年部役員 (2002〜2004)	高校卒業後、熊本市内の会社に勤務。25歳の時に就農。
14	白浜・上	32	生産プロジェクト		大学卒業後、4年間電気工事の仕事をし、24歳で結婚を機に就農。
15	芳野・野出	42	生産プロジェクト		熊本農業高校を卒業したが、最初は農業は手伝い程度。95年頃に本格的に就農。
16	芳野・面木	39	生産プロジェクト	生産プロジェクト (2004〜2006)	高校卒業後就農。
17	河内・塩屋	29	生産プロジェクト		高校卒業後就農。
18	河内・中川内	52	支部長		専門学校を卒業後就農。
19	河内・船津2	36	支部長		高校卒業後就農。
20	河内・尾跡1	47	支部長		高校卒業後就農。
21	芳野・葛山	33	支部長		高校卒業後、農水省果樹研究所興津支場で研修後に就農。

資料：ヒアリング調査（2006年）および柑橘部会総会資料より作成。
注：農水省果樹研究所の口之津支場と興津支場は当時の名称で、現在はそれぞれ「独立行政法人 農業・食品産業技術総合研究機構 果樹研究所」のカンキツ研究口之津拠点、柑橘研究興津拠点となっている。研修とは、両拠点でおこなわれている「果樹研究所農業技術研修制度」に参加したことを示す。

125

表4-11　事例農家の経営規模と労働力

単位：人・a

農家番号	経営主年齢	同居家族	基幹労働力（A）	樹遠地面積（B）	（B）/（A）
1	55	妻（51・基幹）長男（29・基幹）長男嫁（29・基幹）	4	379	95
2	47	妻（47・基幹）	2	390	195
3	50	妻（46・基幹）長男（20・基幹）	3	400	133
4	46	妻（43・基幹）父（73・基幹）母（72・基幹）	4	501	125
5	52	妻（46・基幹）父（79・手伝い）母（75・手伝い）長男（22・基幹）	3	330	110
6	42	妻（42・基幹）父（71・基幹）母（68・基幹）	4	470	118
7	41	妻（37・手伝い）母（66・基幹）	2	310	155
8	55	妻（55・基幹）長男（30・基幹）	3	337	112
9	43	妻（44・基幹）父（73・基幹）母（65・基幹）	4	455	114
10	43	妻（41・基幹）父（75・基幹）母（67・基幹）	4	383	96
11	42	妻（39・基幹）	2	355	178
12	41	妻（40・基幹）父（67・基幹）	3	320	107
13	43	妻（38・基幹）父（71・基幹）母（63・基幹）	4	310	78
14	32	妻（32・基幹）父（64・基幹）母（62・基幹）	4	278	70
15	42	父（68・基幹）母（63・基幹）	3	210	70
16	39	妻（38・基幹）母（72・手伝い）	2	204	102
17	29	経営主（55・基幹）母（54・基幹）	3	195	65
18	52	妻（50・基幹）	2	296	148
19	36	妻（36・基幹）父（67・基幹）母（60・基幹）	4	402	100
20	47	妻（47・基幹）	2	248	124
21	33	妻（33・手伝い）父（67・基幹）母（62・基幹）	3	294	98

資料：ヒアリング調査（2006年）より作成。

注：1）樹遠地以外の耕地として水田を有するのは12番農家（30a）と13番農家（55a）のみ。ほかには、5番農家がタケノコ採取用の竹林60aを所有している。

　　2）17番農家のヒアリング対象は後継者であり、経営主55歳はその父である。

ある農家といえる。生産プロジェクトの新品種の栽培マニュアルの作成を発案したり、優良品種として増産が図られている尾崎温州を当産地にはじめて導入したのもこの農家である。

　尾崎温州は長崎県で発見された品種であるが、9番農家が農水省果樹研究所の口之津支場で研修していた際に知り合った農家をとおしてこの品種の情報を得たものであり、この研修は単に技術を身につけるだけではなく他産地の農家と交流を持てることも大きな意義といえる[6]。

　以上のような研修や教育を受けた農家は生産プロジェクトを中心に部会の役職に就いているが、こうした人材を今後も確保できるかが課題である。部会役員の年齢は50代前後、生産プロジェクトは40代前後の農家が構成員とな

第4章　産地技術マネジメントにおける技術対応組織の有効性

っているが、部会役員のなかには生産プロジェクトの経験者もみられ、年功
序列により役職につく傾向もうかがえる。そのため、現在のプロジェクトの
メンバーが役員となるにしたがって新たなメンバーを補充する必要が生じて
くる。

　こうした状況について、9番農家は、「以前と比べて農協職員が減っており、
技術員も減らされているが、それにかわって生産プロジェクトが技術指導の
中心となっていて、今のところはうまくいっている。課題は、次の生産プロ
ジェクト構成員をどのように確保するかだ」と述べている。これについて生
産プロジェクトでは、構成員2名を青年部から選出し　（そのうちの1人が
12番農家）、そのほかも若い構成員を加えるようにしている。17番農家がそ
れで、29歳と若く、経営移譲を受けていない後継者である。

　支部長は、役員や生産プロジェクトとは異なり、輪番制により選出されて
いる。19番農家は「支部長は年の順番に選ばれる。支部長は人集め、連絡係」
と述べている。

　表4-12により事例農家の栽培する品種をみると、熊本県オリジナル品種
および尾崎温州の導入割合には農家ごとに大きな差があることが伺える。古
い品種である白川温州を除く熊本県オリジナルの4品種（肥のあかり、肥の
あけぼの、肥のさやか、肥のあすか）と、尾崎温州の全てを栽培しているの
は、9番農家と16番農家のみである。

　新品種の種類が多いだけではなく、温州ミカン栽培面積に対してこれらが
占める割合をみても、**表4-13**に示したように9番農家と16番農家は高い数

（6）研修制度を案内したWebサイト（http://www.fruit.affrc.go.jp/announcements
　　/kensyu/annai.html、2007年12月9日）の説明では、「当研修制度の特徴は、
　　果樹研究所の研究職員と一体となって、果樹の試験研究の一端を担い、果樹
　　栽培技術の先端的、先導的な技術を修得すると共に、世界でもトップレベル
　　の果樹の試験研究に触れることで、果樹に関する高い知見を得ることにあり
　　ます。さらに、研修生は北は福島県から南は九州の各県から参加しているこ
　　とから、卒業後全国的なネットワーク網が構築され、このネットワークを通
　　して情報収集ができることも大きな特徴となっています」とされている。

表 4-12　栽培品種の構成

単位：a

農家番号	極早生					早生				普通			温州みかん合計	中晩柑	落葉樹	経営面積
	肥のあかり	肥のあけほの	肥のさやか	その他極早生	極早生合計	肥のあすか	尾崎	早生その他	合計	白川	普通その他	合計				
1	33	13	13	0	59	0	0	125	125	0	35	35	219	160	0	379
2	25	25	0	50	100	0	30	50	80	80	20	100	280	110	0	390
3	30	0	20	60	110	0	50	150	200	0	0	0	310	50	40	400
4	10	10	10	100	130	0	32	185	217	0	99	99	446	55	0	501
5	35	15	0	70	120	0	15	115	130	0	25	25	275	0	55	330
6	0	40	0	110	150	0	0	260	260	0	60	60	470	0	0	470
7	0	45	0	80	125	0	0	80	80	0	55	55	260	50	0	310
8	7	24	14	13	57	0	57	121	178	63	26	89	324	13	0	337
9	20	20	80	5	125	40	80	110	230	0	40	40	395	60	0	455
10	40	0	0	50	90	0	26	80	106	0	167	167	363	20	0	383
11	0	0	110	40	150	0	20	165	185	0	20	20	355	0	0	355
12	x	x	x	x	x	x	x	x	120	x	x	x	320	0	0	320
13	15	5	30	45	95	0	30	90	120	10	20	30	245	25	40	310
14	10	15	15	22	62	0	13	100	113	0	65	65	240	38	0	278
15	10	0	0	50	60	0	0	130	130	0	20	20	210	0	0	210
16	10	12	15	21	58	18	22	86	126	0	10	10	194	10	0	204
17	0	20	0	35	55	0	20	70	90	0	40	40	185	10	0	195
18	0	35	0	40	75	0	0	100	100	0	71	71	246	50	0	296
19	20	18	0	67	105	15	30	89	134	25	39	64	302	100	0	402
20	5	10	20	60	90	0	2	97	99	10	27	37	226	22	0	248
21	10	10	0	55	70	0	23	40	63	0	92	92	225	69	0	294

資料：ヒアリング調査（2006年）より作成。
注：xは不明であることを示す。

第 4 章　産地技術マネジメントにおける技術対応組織の有効性

表 4-13　温州ミカンの樹齢構成

単位：a・%

農家番号	1〜10 年	11〜20	21〜30	31〜40	40〜	不明	新品種割合
1	18	16	0	57	0	9	26.9
2	36	25	29	0	0	11	28.6
3	68	3	13	16	0	0	32.3
4	32	38	13	7	0	10	13.9
5	49	16	13	20	0	2	23.6
6	32	0	13	55	0	0	8.5
7	27	23	0	25	0	25	17.3
8	x	x	x	x	x	x	31.4
9	51	15	0	28	0	6	60.8
10	17	29	24	30	0	0	18.2
11	41	23	0	37	0	0	36.6
12	x	x	x	x	x	x	x
13	57	27	0	12	0	4	34.0
14	18	0	0	2	69	12	22.1
15	19	0	0	67	0	14	0.0
16	76	8	13	3	0	0	39.7
17	11	19	0	38	0	32	21.6
18	33	15	16	36	0	0	14.2
19	27	13	10	13	0	36	27.5
20	x	x	x	x	x	x	14.2
21	20	0	0	16	0	64	16.9

資料：　ヒアリング調査（2006 年）より作成。
注：x は不明であることを示す。

値となっており、とくに 9 番農家は 6 割程度と飛び抜けて大きな割合となっている。また、この 2 戸は新品種を高接ぎ更新ではなく苗木の植栽により導入しているため、樹齢構成では10年以下の樹の割合が多くなっている（**表4-13**）。こうした品種や樹齢の構成は、品種更新にともなう収量低下を許容し、さらに導入した品種が期待したような経済性を発揮できないリスクを負担しているものといえる。

　以上から、9 番農家と16番農家はこの産地における革新性（第 1 章で規定したように、新技術を積極的に導入するという意味での）の高い農家とみなすことが出来る。ただし、後述するように16番農家は若手として生産プロジェクトで技術を学び、それを地域に還元することを期待されて、生産プロジェクトのメンバーに選出された立場である。それに対して、9 番農家は先述したように県域レベルの技術普及体制（試験場の組織する育種研究会等）に産地を代表して参加し、生産プロジェクトのリーダーとして活躍した後に生

129

産副部長として部会役員となった立場であり、産地としての技術対応をリードする役割を果たしてきた存在とみることができる。

5. 共販組織活動と支部組織の役割

1) 地域での講習会と生産プロジェクトの活動状況

　ここでは、部会組織の活動のうち支部ごとにおこなわれる講習会と、生産プロジェクトによる技術対応の両者について、事例農家がどのように評価しているかを述べる。

　講習会の実施方法には、河内、白浜、芳野の3地区のあいだに相違がみられる。白浜地区では生産プロジェクトが講習会を主催し、講師もプロジェクト構成員がつとめているのに対し、河内地区と芳野地区では農家組合が主催し、講師は農協の技術員や県普及員が担当している。この違いには、それぞれの地区の共販加入率が関係している。河内地区や芳野地区では共販加入率が5～8割であるのに対し、白浜地区では9割前後が共販に参加している。

　白浜地区では共販組織の支部が講習会を主催するが、共販率が高いために講習会が地域ぐるみでおこなわれる活動としての性格を持つ。これに対して河内地区と芳野地区では共販率が低いため、講習会は地域の農家組合が主催している。農家組合は農協の事業運営協力組織としての性格が強く、共販に参加していない農家も全戸加入している。

　農家組合の組合長は、共販参加農家から選出されることが慣例ではあるが、農家組合が主体となって講習会を開催することにより、商人や市場にミカンを出荷する農家も講習会に参加できる。そのため、**表4-14**の5番農家の支部のように講習会参加者の半数が農協外出荷の農家という支部もある。

　前章の事例である真穴地区では、地縁的組織活動の親睦的な側面を否定的に捉える農家が多かったが、同様の評価が12番農家にもみられる。12番農家は生産プロジェクトのメンバーのなかでも高い技術水準を持つ農家と認識されており、他のメンバーから頼りにされている。さらに12番農家の白浜地区

第4章　産地技術マネジメントにおける技術対応組織の有効性

表4-14　支部講習会の状況と評価

番号	地区	役職	支部講習会の状況
3	芳野	販売副部長	以前は全戸参加していたが、65歳をこえた人は来なくなる。せん定と摘果の講習、近くの産地の視察をする。
5	芳野	監事	農家組合の主催で部会以外の人も出席。せん定講習会は16人くらいで半分は部会以外の人。話を聞いてから極早生、普通、早生を一カ所ずつ作業して回る。
8	熊本市	生産部長	講習会では5カ所くらいの園を回り、そのあと懇親会。内容はせん定、摘果、夏せん定、出荷前講習、マルチ確認など。
12	白浜	生産プロ	講習会は決められた行事を消化しているだけだと感じている。同じ日に部会の生産者集会をして、部会での連絡事項を伝えている。
13	芳野	生産プロ	共販の人はほとんど参加する。後継者がいるところは親子で参加。年2回講習会があり、せん定と摘果がテーマでそのあとに飲み会。地域の人との情報交換がよい。病害虫発生の状況などについて情報交換する。
15	芳野	生産プロ	農家組合が開催する講習会の参加者は20人から30人程度。共販の非参加者も来るが、ミカン作りに熱心な人だけ。講習会は、そのあとに開かれる飲み会のためにやっているようなものだが、そのような交流も大切。講習会とは別に、前任の生産プロジェクト員と支部長と相談して、今年から共販参加者を対象とする勉強会を毎月おこなっている。内容は、生産プロジェクトから流れる技術情報Faxの内容の解説。勉強会では教える立場なので自分にとって目新しい技術はないが、全体の底上げをしてゆく必要がある。20人弱が出席している。勉強会以外でも、機会があれば普段から技術的な情報を伝えている。
16	芳野	生産プロ	農家組合でせん定と摘果について3回講習会を開く。商人出荷の人も参加する。
17	河内	生産プロ	農家組合で開催。農協の指導員に来てもらう。参加者は30人くらいで、半分が共販参加者。
20	河内	支部長	講習会は農協技術員の若い人が来るので、新しい農薬などがわかってよい。

資料：ヒアリング調査（2006年）より作成。

では、講習会を生産プロジェクトメンバーが主催し講師を務めるため、そうした農家にとって地区講習会は自分の技術・知識の普及をはかる場であり、新しいことを学ぶことは少ない。

　しかし、本事例においては13番農家、20番農家のように肯定的な評価もみられる。その要因としては、本事例においては新たな技術の導入が積極的に進められており、地域での活動にもそれが取り入れられている点があげられる。

　支部講習会を肯定的に評価している農家が所属する芳野地域や河内地域では、新品種である尾崎温州や肥のあかりの栽培方法を普及する機会を支部講

習会とは別に設けている。芳野地区や河内地区の場合は、非共販農家が講習会に参加しているために、生産プロジェクトの成果を講習会に取り入れることは難しくなる。

　生産プロジェクトの課題は、部会の奨励品種や差別化商品に関する事項だが、非共販農家のなかに生産プロジェクトで研究している品種を導入する者は少ない。非共販農家には共販の申し合わせを守ることができないため、取り決めの緩やかな商人に出荷している農家も多く、技術的な水準もあまり高くない。したがって、講習会の内容は、極早生、早生、普通といった大まかな品種の区分に合わせて、せん定や摘果といった基本的な管理作業を対象とした一般的な内容とならざるをえない。

　それでも、支部を単位とする地縁的なまとまりは、生産プロジェクトの構成員の選出単位としての機能を果たしている。生産プロジェクトの活動についてまとめた**表4-15**からは、地区から選出される生産プロジェクトの構成員が先進的な技術を学び、それを地域に還元する役割を果たしていることがわかる。13番農家、14番農家、16番農家の回答において、そのような取り組みが認められる。

　さらに、新技術の普及が地区講習会では難しいことに対処するため、講習会とは別に共販参加者のみを対象とする勉強会を支部長や生産プロジェクトメンバーの独自判断で実施している地域もある。**表4-14**において芳野地区の15番農家が述べている取り組みがそれにあたる。これはこの支部（芳野地区・野出支部）独自の活動で、15番農家と支部長、前任の生産プロジェクトメンバーが相談して2006年より始めた取り組みである。

　この勉強会の内容は、生産プロジェクトが毎月作成し農家に送られる技術情報のFaxの内容を解説するもので、とくに忙しい農繁期を除き、Faxが流されるタイミングにあわせて毎月開催されている。また、同じ芳野地区のほかの支部（**表4-15**の11番農家の支部）においても、不定期ではあるがプロジェクト構成員の判断により同様の勉強会がおこなわれている。

　このように、生産プロジェクトの選出単位である支部ごとに新技術に詳し

第4章　産地技術マネジメントにおける技術対応組織の有効性

表4-15　生産プロジェクトの活動に対する評価

番号	地区	地区の新品種導入状況と生産プロジェクトへの評価
4	白浜	地区としては、プロジェクトでいろいろ学んできてもらって、地区のリーダーに育つような人を出したい。そのために2期や3期続けられる人を選んでいる。
8	熊本市	尾崎や肥のあかりの栽培方法は先進地や試験場などで勉強して指導する。着花率が悪いことへの対応や、せん定や摘芯の仕方などが課題。そのほかにも新品種の試作をしている。せん定などは講習会を開催し、細かいことはファックスで流している。
9	河内	新しい品種は適地適作でないおそれがあり、試作が必要。尾崎は失敗すると収量ゼロになってしまうが、高接ぎで導入する場合のマニュアルは確立した。ほとんどの人が尾崎を植えているが、10t以上出す人は少ない。3月に接ぎ木の講習会、7月下旬に誘引とせん定の講習会をする。
10	河内	プロジェクトメンバーの決定は、河内では前任者の推薦、白浜は支部の会議により選ぶ。2〜3期続けることが前提。
11	芳野	時間があれば、もっと掘り下げた研究をしたいが、それを部会員全員にフィードバックすることは無理。やれる人はここまでやって、できない人も最低限ここまでやってくださいという形になる。Faxをよく読んで質問をしてくるような人ばかりならばよいが、そうではないからマルチのプールを別にする必要も出てくる。本当は、共同計算のプールをもっと緻密に分けて、園地ごとに細かな対応をしたいところだが、500人近い組織では無理。部会員同士で足を引っ張りあうようではいけないので、底上げを図ることがどうしても重要。
12	白浜	生産プロジェクトの活動に普及員が相談役のような形で参加してくれるのが助かる。生産者主導で産地の指導が動いているのはよいことだと思う。
13	芳野	自分たちで実際に試したことを支部のみんなに伝える。資材の効果的な使い方などが勉強になる。知識があってプロジェクトにいてほしい人が部会役員となってしまうこともあるが、新しく入ってきた若い人でよい知識を持っている人もいる。
14	白浜	自分が知らなかったことも聞けるし、勉強になる。推薦されたときは大変だと思ったが、入ってみてよかった。肥のあかりの管理の仕方もいろいろと質問できる。プロジェクトで教えられたことは、実際に自分でやってみてから他の人に教えている。
16	芳野	生産プロジェクトに選ばれたのは、ミカン作りの知識がとくにあるからというわけではない。プロジェクトから流すFaxについて質問されることがよくあるので、部会員の役に立っていると思う。地区では質問される立場であるが、プロジェクトでは教えられることの方が多い。
17	河内	資材の使い方や他産地の着果調査、市場視察などが勉強になる。

資料：ヒアリング調査（2006年）より作成。

い農家が確保されており、それが新技術の普及に貢献している。そのことが支部単位の活動に対する満足度を高めていると考えられる。教える立場にある農家にとっても、新しい技術を普及させるための勉強会を主体的に開催するなどの取り組みが実施できれば、産地全体の技術を底上げすることに貢献しているという充実感が得られるだろう。こうした点が、**表4-14**の15番農家にみられるような主体的な取り組みを促しているとみることができる。

　それに加えて、生産プロジェクト自体が新技術の研究活動を実施している

133

ことが重要である。新しい技術・作業方法を一方的に普及するだけの活動を
おこなうにとどまらず、生産プロジェクトのメンバーが連携・分担して研究
活動をおこなうことによって、革新性の高い農家にとってもメリットのある
活動となり得る。

　本事例において導入されている新技術は、うまく管理しなければ収穫が皆
無となってしまうような品種であり、実際にそのような失敗はめずらしいこ
とではない。若手のなかから生産プロジェクトのメンバーに選ばれた14番農
家は、肥のあかりの結実に失敗したという。そうしたことからも、生産プロ
ジェクトにおいて取り組まれている技術が、地縁的組織による恒例行事とし
ての講習会で扱われる技術とは大きく異なるものであることがうかがえる。

　せん定作業などは作業者の技能に依存する側面が強いため、他者への伝達
がしにくい暗黙知としての側面が強い。生産プロジェクトの活動で技術を習
得し、それを支部に普及するという活動の流れは、そのような技能を継承し
てゆくために有効な取り組みといえる。

　第1章で述べたように、イノベーションを促進するコミュニケーションが
成立するための条件として、空間的近接性や文化的近接性が重要と考えられ
ている。このことは、農業においても重要であり、既存の技術や技能を次世
代に継承してゆくうえでも有効である。マニュアル化が可能な部分について
は、先述のようにマニュアル化も進められているが、それも農家が主体とな
っておこなわれている。

2）生産プロジェクトメンバーの人材確保

　生産プロジェクトに関する問題点として、ヒアリング調査において指摘が
多かったのは、プロジェクトメンバーの人材確保に関する問題である。この
問題については、次の2点を指摘できる。まず、革新性の高い農家を生産プ
ロジェクトのメンバーとして確保できるかという問題である。

　生産プロジェクトのメンバーは支部を選出単位としているが、高い技術を
有する農家を選出できない支部においては、若手農家を選出し、その農家が

134

第4章　産地技術マネジメントにおける技術対応組織の有効性

プロジェクトで習得した技術を地域に還元してもらおうとしている。**表4-15**の４番農家、14番農家、16番農家がそれに該当する。

しかし、生産プロジェクトがすべてこのような農家で占められていては、研究活動において高い成果をあげることは難しいため、革新性の高い農家も一定数確保しなければならない。それを妨げる要因として**表4-15**で13番農家が指摘しているのが、革新性の高い農家が生産部長・副部長以外の部会役員となって生産プロジェクトから離脱してしまうことである。これは直接的には、部会役員の人選との競合問題だが、根本的には革新的農家が希少な存在であることにより生じる問題といえる。

尾崎温州を例にすると、これを本格的に出荷しているのは10名程度であり、部会員の2.1％程度である。しかも、単に早期に技術を導入するだけではなく、産地外から新技術を取り入れてイノベーション・プロセスの起点となっていると評価できるのは、９番農家である。13番農家の指摘にある「プロジェクトにいてほしいが部会役員となってしまった」という農家も、この９番農家を指している。

もう１つの問題は、地縁的組織内でどのように役職が選出されるかという点である。これについて述べているのは、**表4-15**の４番農家と10番農家で、生産プロジェクトのメンバーは２〜３期は続けてほしいとしている。その理由は、地域に貢献できるほどの技術を生産プロジェクトで身につけるにはある程度の期間を要することであるが、実際には１期でメンバーが交代してしまったケースがあるからである。

１期で交代になったのは、生産プロジェクトメンバーが、地域における他の役職を引き受けたためである。具体的には、自治会役員や消防団等の役職に就いたようであるが、こうした役職は地域において負担が一部の人に集中しないように輪番的に調整されている。生産プロジェクトのような役職もそこに組み込まれているようでは、望ましい人選が難しくなってしまう。

135

6．熊本市農協柑橘部会における産地技術マネジメントの特徴

　ここまでの検討結果をもとに、本事例産地における産地技術マネジメントの取り組みを整理したものが、図4-3である。
　①②：産地への初期導入段階
　本章では、熊本市農協柑橘部会において導入された新技術として、肥のあかりと尾崎温州という新しい品種について述べてきた。
　長期出荷体制の構築を目標に試験場で開発された肥のあかりが、本事例産地において試作される流れは、育種をおこなった県果樹研究所からみれば当初の予定どおりであったといえよう。ただし、事例産地において肥のあかりを最初に導入した9番農家は、県の「育種研究会」の会長を務めており、県内の産地のなかでも早期に導入し積極的に新品種を試作評価する立場にあった点が指摘できる。
　尾崎温州も9番農家が導入した品種であるが、これは他県で発見・品種登録されたものであり、もともと本事例産地に導入される必然性はなかった。9番農家は、農水省研究所における研修をとおして築いたネットワークを通じてこの品種を知り、試作をおこなうようになった。

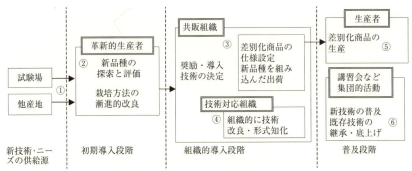

図4-3　熊本市農協柑橘部会における産地技術マネジメントの概要
資料：筆者作成。

第4章　産地技術マネジメントにおける技術対応組織の有効性

　以上のように、試験場技術の導入においても新技術の初期導入は革新的農家を経由していた。さらに、革新的農家が他産地の農家との交流を通じて導入した品種もあったが、この品種は革新的農家の取り組みなしには導入されることがなかったと考えられる。これらの点は、新技術の初期導入プロセスの創発性の高さを示すものといえる。

　③：共販組織として新品種を評価・認定

　革新的生産者が初期導入した新品種を共販組織として評価し、産地への普及を図るべきかどうかを検討する。普及すべきと判断されたものについては、差別化の方法や出荷時期などを検討し、販売戦略の中に位置づける。

　④：組織的な技術改良・形式知化

　技術対応組織である生産プロジェクトは、共販組織が③をおこなうための判断材料とするため、新品種が産地の気象等の条件に適合的かを評価する栽培試験をおこなう。本事例で導入された新品種である肥のあかりと尾崎温州は、2006年頃より部会総会の決議において、販売戦略上の位置づけを与えられるようになったが、これは生産プロジェクトにおける技術評価を受けたものである。このように、③と④は同時並行で進められている。

　また、産地に普及を図ることになった新品種については、栽培方法などの改良を図り、普及を促進するために形式知化するための取り組みもおこなわれていた。

　こうした活動を革新的農家のみでおこなうのではなく、生産プロジェクトという組織でおこなうことにより、新技術の導入と研究活動に伴う費用やリスクを分担し、革新的農家の負担を軽減する意義があると考えられる。また、このような活動を農協職員が主体でおこなう場合と比較すると、農家の立場からの技術改良や評価が可能となること、農協職員の人数が限られるなかでも技術対応を充実させてゆくことなどが期待できるだろう。

　本事例では、試験場で開発された技術であっても、それを一方的に産地に普及するのではなく、普及現場における追加的な研究活動が必要とされていた。最初から完成した技術を取り入れるのではなく、初期導入の後に追加的

137

に研究活動が実施されたことは、この技術導入プロセスの創発性を示すものである。

⑤：個別農家における差別化商品の生産

前掲表4-5でみたように、事前の登録や特別な栽培方法が必要な差別化商品に取り組む農家は少ない。前章のように詳細な出荷データは得られなかったが、本章の産地においても、専兼や経営規模による取り組みの相違は、このような特別な対応を求められる差別化商品への取り組み度合いにより顕著にあらわれると考えられる。

⑥：新技術の普及、技術の維持・継承

地域ごとにおこなう通常の講習会では、共販率にもよるが新技術に関する内容が扱われることは少ない。前章と同様に、これを親睦や恒例行事の消化とみる農家も多かったが、そのような内容でも肯定的に評価する農家もあった。

新技術の導入に関しては、生産プロジェクトのメンバーが、主体的に勉強会などをおこない、普及活動を担っていた。その際には、生産プロジェクトのメンバーは自らが実践し修得した新技術（新品種の栽培方法など）を伝えることにより、普及活動が効果的になると期待される。

次に、図4-4により技術対応の整合性を検討する。

本事例産地は、品質や価格において愛媛県の優等産地に次ぐ2番手産地として市場から評価されている。農協職員や部会役員はそのような評価をくつがえし、最優等産地としての評価を確立することを強く意識している。

例えば本事例産地では、3つにわかれていた選果場とブランドを統合する際に、ミカンでは全国ではじめての光センサー選果機を導入した。このように、市場評価を高めるために新技術を導入したいという意欲が極めて強く、それが生産プロジェクトを設置した動機ともなっている。したがって、生産プロジェクトを中心とした技術対応は、市場からの評価という外部環境への適応を図るものといえる。共同計算の点数が、前章の真穴地区とは逆に品質による価格差を市場評価よりも拡大する方向で設定されていることも、同様

第4章　産地技術マネジメントにおける技術対応組織の有効性

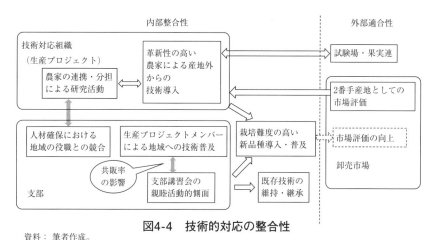

図4-4　技術的対応の整合性

資料：筆者作成。
注：白抜きの矢印は、望ましい関係、グレーの矢印は望ましくない関係であること、破線の矢印・ボックスは、技術的対応によって期待される成果を示す。

の理由によるものであろう。

　試験場や果実連は、開発した新品種や需要動向の情報、育種研究会などの組織活動を産地に提供し、産地の技術対応を支援している。そうした支援の対象は共販組織や農協だけではなく、産地内の革新的農家とも直接結びついていた。このような取り組みをおこなう試験場や農協連合会は、序章で述べたように産地イノベーション・システムの構成主体として位置づけられる。

　産地内部では、栽培難度の高い新品種の普及が技術対応の最大の課題となる。そのために、生産プロジェクトにおいては革新的で技術水準の高い農家が新品種を初期導入し、他の農家と連携・分担しながら栽培方法を確立している。

　その成果については、支部を単位として生産プロジェクトメンバーが普及活動をおこなっていた。ここで、生産プロジェクトのメンバー選出や普及活動が支部を基礎単位としていることは、人材確保や講習会の内容などの面で生産プロジェクトの活動と競合する面もある。また、共販率が高い支部であれば、普及活動が地縁的結合に依拠する度合いを高め、通常の支部講習会活

139

動で普及を図ることもある程度可能であるが、共販率が低い場合にはそれとは別に普及の機会を設ける必要が生じる。

以上のことから、本章の事例産地における技術対応の内部整合性、外部適合性は概ね高いと評価できるが、課題としては革新的農家や技術対応組織のメンバーとなる人材の確保があげられる。

7．小括

本事例における技術対応組織を中心とする産地技術マネジメントは、農家の自発的な活動によって担われているが、これは序章で述べた事業への農家の直接参加に相当するものと評価できる。この技術対応組織は、イノベーションを促進するために、規模の大きい組織のなかに設けられる少人数で小回りのきくグループである。このような組織をイノベーション研究では「スカンク・ワークス」と呼ぶことが多いが、農業においても同様の組織を設けることは有用であると考える。

課題としてはまず、地縁的組織活動が生産プロジェクトの活動と競合していた点である。これについては、それでも産地技術マネジメントは地縁的組織活動に依存せざるを得ないと考える。

その理由は、1つには競合がそれほど深刻なものでないためである。競合が生じていた局面は、講習会に部会員が費やす時間や、役職を担う人材といったリソースを巡るものであった。地縁的組織として独自の価値観を持ち、それにそぐわない新技術の導入・普及を阻害していたわけではない。

もう1つの理由は、地縁的組織に代替するものが見当たらないためである。ある程度の規模を備えた産地の場合、技術普及活動を部会員全体でおこなうことは不可能であり、支部や班のようなグループを単位とせざるを得ない。そのような単位は、空間的近接性を前提としたイノベーションの促進や普及に有用であると考えられる。

そのための単位として、地縁的な組織は優れている。部会員の多様化のも

とで栽培方法や販路別の組織化が必要となる場合も生じるであろうが、その場合でも地域を単位とする組織化が不要となることは考えにくい。

　以上のような理由に加えて、親睦的な側面が各種会合・講習会への出席率を高めるなど、地縁的組織の有する意義を考えれば、これを共販組織の基盤とすることは妥当なものと評価することができる。講習会を集落組織が主催する場合は、共販非参加農家を参加させることで、生産面や社会面で地域の一体性を維持することも期待できる。

　次に、技術対応組織における人材確保の問題についての評価である。本章の事例からは、革新的農家の希少性と重要性が示唆された。このことと、第1章で述べたSIアプローチの関連について、次の点を指摘しておきたい。

　まず、本章の革新的農家が導入した技術（新品種）には、他産地に由来するものもあるが、多くは県試験場からもたらされたものであったことが指摘できる。それらを導入する取り組みも、革新的農家が単独で遂行したわけではなく、「育種研究会」という組織により試験場との協力体制を構築したうえでおこなわれていた。そのようにしてみると、革新的農家は産地外部の公設試を含む産地イノベーション・システムの一部としての役割を果たしているとみることができる。

　もうひとつ指摘できるのは、当事例において生産プロジェクトのような技術対応組織が発足しなかったとすれば、共販組織にとって革新的農家の希少性が問題として認識されていたかという点である。共販組織として、革新的農家の主体的な参画を引き出し、それを産地再編に結びつける体制を構築しようとしたときにはじめて、そのような体制の主役となるべき革新的農家の希少性が問題となるのではないだろうか。共販組織として技術対応組織を編成していなければ、革新的農家が存在することによるメリットは、師弟関係を結んだ狭い範囲の農家にしか波及していなかった可能性もあるだろう。

　優良事例とされる青果物産地の多くでは、その成功を支えた要因としてリーダー的農家の献身的な貢献が観察される。そうしたリーダーをいかにして育成するかという問題が注目されてきたが、その一方でリーダーがどのよう

な他者との関係性のもとで産地に貢献しているのかに注目する研究はあまりみられない。

本事例では、革新的農家が産地外部との交流チャネルと、産地内の共販組織における公式な役職の双方を保持し、それらを結びつけながら産地技術マネジメントに貢献していた。本書で示した産地イノベーション・システムという概念は、このような関係性を明示的に分析するために有効なものと考える。

第5章

規模階層二極化のもとでの産地技術マネジメント

1. はじめに

　本章では、生産者が兼業小規模層と大規模・機械化の二極化傾向を示す静岡県浜松市三ヶ日地区（旧三ケ日町）を事例とする。静岡県でのミカン生産の歴史は古く、戦前にはすでに主産地の形成がみられるが、三ヶ日地区はそのなかでも比較的遅い時期にミカン生産を拡大した地域である[1]。

　三ヶ日地区が位置する旧引佐郡は早い段階から周辺部での工業化が進んだことにより兼業化が進展している。そのため、共販組織が形成された初期から、このような担い手構造に応じた技術対応が進められてきた。そのことは、本書で取りあげた他の産地よりも農協の果たす役割の比重が大きく、共販組織の内部においてもトップダウン的な性格が強い運営という特徴に現れている。

　本章の課題は、こうした特徴を持つ共販組織における産地技術マネジメントのあり方を分析することである。

（1）松村（1980）p.54では、三ヶ日町を含む引佐郡下において、本格的なミカン生
　　産の拡大が他地域と比較して遅れたことの理由として、この地域において繊
　　維工業などの兼業機会が存在したことと、それによる農家の階層分解の停滞
　　を指摘している。

143

2. 三ヶ日地区におけるミカン生産と共販の展開

1) 三ヶ日地区におけるミカン生産の動向

三ヶ日地区の農業の中心はミカン生産であり、**表5-1**によれば、三ヶ日地区における販売農家のほとんどが果樹園を有しており、果樹単一経営農家の割合もきわめて高い。

表5-1に示したように、三ヶ日地区の専業農家の割合は22.0％だが、これは第3章でみた真穴地区の55.3％、第4章でみた熊本市農協の39.7％[2]に対してかなり低い水準である。また、経営規模階層を**図5-1**に示したが、2.0ha以上層が増加傾向にあるものの、小規模層が多数を占めることがわかる。

それでも**図5-2**に示したとおり、三ヶ日地区でのミカンの結果樹面積に大きな減少はみられず、最近では微増の傾向もみられる。

次に、産地としての特徴をみれば、第一に産地としての規模で、**表5-2**によって全国のミカンの集出荷組織の平均規模と比較すると極めて大きいことがわかる。

第二には、他産地における生産基盤の後退とは対照的に生産を維持してい

表5-1　販売農家の状況

単位：戸・ha

		1995	2000
田	農家数	864	729
	面積	186	164
畑	農家数	276	225
	面積	28	29
樹園地	農家数	1,397	1,318
	面積	1,715	1,734
販売農家		1,408	1,334
専業農家		282	294
第一種兼業農家		503	419
第二種兼業農家		623	621
果樹単一経営農家		1,184	1,147

資料：農業センサスより作成。

(2) 河内地区・白浜地区の平均値。

第5章　規模階層二極化のもとでの産地技術マネジメント

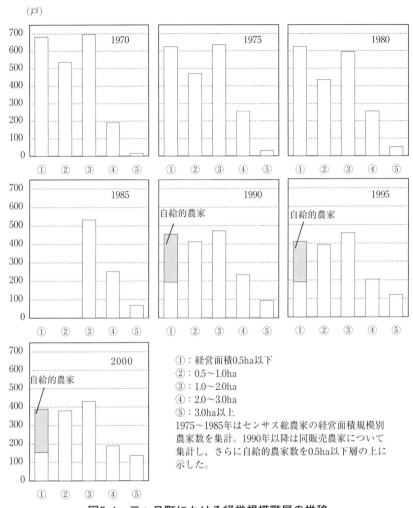

図5-1　三ヶ日町における経営規模階層の推移

資料：農業センサスより作成。

表 5-2　集出荷団体別にみたミカンの一組織あたり出荷量 (2001)

単位：t

集出荷団体一団体あたり	1,612
うち 総合農協	2,068
専門農協	2,963
任意組合	393
集出荷業者	511
産地集荷市場	450
三ヶ日町農協	36,010

資料：農水省「青果物集出荷機構調査」、三ヶ日町柑橘出荷組合総会資料
注：出荷量には、温州ミカン以外の中晩柑などを含まない。

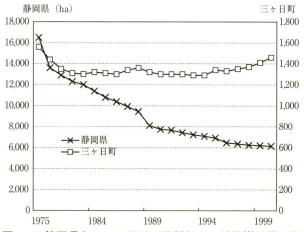

図5-2　静岡県と三ヶ日地区の温州ミカン結果樹面積の推移

資料：果樹生産出荷統計より作成。

ることで、**図5-2**からわかるように、結果樹面積の動向は、維持ないし微増となっており、静岡県全体の動向とは対照的である。

　三ヶ日地区におけるミカンの共販率については、**表5-1**および**表5-3**に示したように、2000年の樹園地のある総農家数が1,526戸であり、出荷組合の組合員数が957戸である。三ヶ日地区では、ほぼすべての樹園地で柑橘類が栽培されているので、ミカンを生産する農家の約6割が共販参加者となる。数量ベースでは、**表5-4**のように出荷組合が約9割の出荷量を占めている。

第5章　規模階層二極化のもとでの産地技術マネジメント

表5-3　柑橘出荷組合と農協の組合員数の推移

単位：人・％

	1960	1961	1970	1980	1990	1996	2000	2001	2002
出荷組合組合員数	154	665	1,339	1,184	1,075	1,001	957	945	935
農協組合員数		2,312	2,022	1,877	1,820	1,785	1,765	1,761	1758
出荷組合組合員の割合		28.8	66.2	63.1	59.1	56.1	54.2	53.7	53.2

資料：三ヶ日町農協資料より作成。
注：旧三ヶ日町農協と東浜名農協が合併して三ヶ日町農協となったのが1961年である。

表5-4　共販率（出荷量ベース）の推移

単位：t・％

	1975	1980	1985	1990	1995	2000
三ヶ日町の温州ミカン出荷量	42,430	32,989	34,691	30,700	23,700	34,100
農協共販の荷受量	34,751	31,966	30,059	27,703	20,770	29,664
共販率	81.9	96.9	86.6	90.2	87.6	87.0

資料：三ヶ日町農協資料より作成。

このことから、農協共販に参加していない農家の多くは規模の小さい経営であるといえる。

2）出荷組合の歴史

マルエム出荷組合は、もともと商人と対抗するという目的のもとで1960年に設立されたもので、三ヶ日町農協の組合員によって組織されている。出荷組合と関係主体との関係を図5-3に示した。出荷組合は法人格をもたない任意組織であり、農協から選果場や事務局機能の提供を受け、名目的にはミカンの共同販売の主体となる。そして、ミカンの販売代金から農協手数料と選果場の利用料金が農協に対して支払われる。農協は、出荷組合員と非出荷組合員の双方に対して営農指導をおこなっている。

出荷組合の設立に先立つ1957年、静岡県内での先進地である庵原郡などに追いつき追い越すことを目標として、三ヶ日町農協のもとに研究会組織である「生産委員会」が設けられた。この生産委員会では、出荷組合の支部から1名ずつ農家を選出し、各地区に「指導方針完全実施園」や「試作園」などを設けて、技術研究や奨励技術の普及を図ってきた。

取り組み内容は、摘果推進、樹形改造などせん定技術、新品種の栽培指針

147

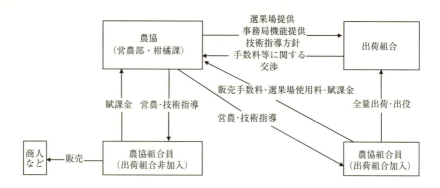

図5-3　柑橘類の販売に関する農協・出荷組合・組合員の関係
資料：ヒアリング調査（2000年）により作成。

の確立などの技術研究・普及、異常気象による被害の調査など多岐にわたり、地区内で奨励する品種系統の決定や生産費調査も実施していた。

　生産委員会は、前章の事例における「生産プロジェクト」よりもやや担当業務が広い面はあるが、出荷組合が設立されてからは共販組織の一部として支部からの人選により組織され、農家自らが研究活動と普及活動をおこなうものであり、「技術対応組織」に相当するものとみることができる。

　しかし、生産委員会は1969年に解散し、そのかわり農協の技術指導員を増員することになった。その際、販売事業や購買事業と技術指導の連動を図るため、ミカンに関わる事業を総合的に取り扱う「柑橘課」が農協に設けられた。この再編は、ミカンの価格が本格的に低迷する少し前の時期におこなわれた。生産拡大のための技術課題が一段落し、差別化に向けた新しい技術課題に取り組む必要が生じてきたことを受けたものであったと考えられる[3]。

（3）清水（1994）p.217を参照。

第5章　規模階層二極化のもとでの産地技術マネジメント

3.三ヶ日地区の産地戦略と産地技術マネジメント

1）三ヶ日地区の産地戦略と技術対応の特徴

　現在の三ヶ日地区では、前章までの事例とは異なり、講習会活動の主体は農協である。生産委員会が廃止されて以降は、技術指導は農協技術員が中心となっておこなわれていて、支部ごとに実施される講習会は「青空座談会」とよばれ、年4回程度実施される。

　農協による技術指導において特徴的な取り組みが、農協組合員の住宅に整備された有線放送からの音声による技術指導放送である。この放送は定期的に流され、時期に応じて必要な作業や注意点を伝えるものであり、一般的な産地ではFaxで流される技術情報に相当する内容である。この技術指導放送の存在は大きく、特に小規模農家や兼業農家にとってミカンを栽培するのに欠かせない情報となっている。

　三ヶ日地区は市場において高い評価を確立しているが、その基盤となっているのは青島温州という優良品種の導入と、安定した品質の果実を継続的・計画的に出荷することで、これにより量販店のニーズを満たしたことだとされている[4]。

　この産地戦略を実現するために、三ヶ日地区でみられる取り組みは、第1に生産する品種を指定し統制していること、第2にスピードスプレーヤー（以下、SSと記す）による防除の機械化が園地の整備を伴いつつ進展していること、第3に安定的な販売のために農家の出荷作業を計画化していることである。

　以下では、この3つの取り組みについて述べることにする。なお、ここでいう「統制」とは、一般的な作目別部会における「申し合わせ」、もしくは「部会による締め付け」とよばれてきたものに相当するが、現地では日常的に統

（4）松原（2014）pp.55-56を参照。

149

制という語が使用されているため、本章でもそれにあわせて表記した。

2）品種統制による優良品種の生産拡大と長期安定出荷体制の確立

青島温州は1950年頃から品評会などで注目されるようになり、三ヶ日地区では1959年に1名の農家によって導入された。この革新的農家が栽培をはじめた当初はそれほど有望視されていなかったが、市場で高い評価を受けたことから出荷組合のなかで徐々に青島温州を主力品種とする気運が高まっていった。

1965年には県の奨励品種となり、三ヶ日地区の生産委員会も同年に奨励することを決めた。青島温州の価格面での優位性は**表5-5**に示したとおりである。1970年代からは出荷組合として青島温州の生産拡大の方針がとられ、明確に増加傾向を示すようになっていった（**図5-4**）。

出荷組合では、選果場等の施設の運営を効率化し、主力品種に集中的に販売対策をおこなうため、1989年の出荷組合総会で淘汰する品種を決定し、段階的に取り扱いを廃止することとした。取扱いが廃止されたのは、青島温州と品種特性が重複する「普通温州」とよばれる系統や、価格が低迷していた極早生系の品種である。取扱い廃止には猶予期間が設けられたが、長い品種でも1995年までで取扱いを終了した。

組合員は、出荷組合にミカンを出荷しつつ、出荷組合が取り扱わない品種をそれ以外の出荷先、例えば商系業者や卸売市場に出荷することは禁止されている。商系業者との厳しい対抗関係のなかで出荷組合が設立された経緯から、組合員には全量出荷が厳しく義務づけられている。したがって、取扱い

表5-5　品種別の販売単価

単位：円/kg・t

	1975	1980	1985	1986	1987	1988	1989
早生	71	119	127	130	104	108	127
普通	74	129	144	132	111	112	131
青島	93	187	194	197	178	164	216

資料：三ヶ日町農協資料より作成。
注：価格は名目値である。

150

第5章　規模階層二極化のもとでの産地技術マネジメント

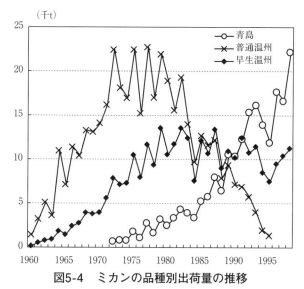

図5-4　ミカンの品種別出荷量の推移
資料：三ヶ日町農協資料より作成。

停止の期限までに対象品種を更新できなかった場合には、出荷組合から脱退して商系に販売先を切り替える必要が生じることになった。

図5-4に示したように、青島温州は、1980年代半ばから出荷量の増加ペースが加速し、普通温州は、それとは対照的な動きを示している。しかし、品種の淘汰が決定された1989年の時点では青島温州と普通温州の出荷量はまだ拮抗していたため、品種更新への取り組み状況によっては大きな負担となった農家も多かったと考えられる。

それでも、前掲表5-3で出荷組合員数の推移をみると、1990年～1996年の変化はそれまでの減少傾向と大きな変化はなく、出荷組合加入率の低下も大きくない。したがって、統制による品種更新の強制による出荷組合加入率の低下は低い水準に押さえられたといってよい。

以上の品種更新は、三ヶ日町農協における長期出荷体制に大きな変化をもたらした。表5-6に示した時期別の出荷量の概要は次のとおりである。まず12月中旬に早生系統の出荷が終了する。1980年代までは、早生系統出荷終了

表5-6 時期・品種別の出荷量

単位：t

			1985	1990	1995	1997	2001
早生	11		2,882	4,071	2,394	2,852	5,676
	12	上	3,561	5,773	4,150	7,133	6,824
		中	3,850				
青島	12	中	14	31	1,142	3,690	6,889
		下		20			
	1		1,879	4,485	4,386	8,285	8,413
	2		1,979	4,903	5,053	4,369	6,062
	3		689	754	1,305	276	900
普通	12	中	1,308	0	0	—	—
		下	2,462	3,556	1,030	—	—
	1		4,033	3,524	330	—	—
	2		3,187	0	0	—	—

資料：三ヶ日町農協より作成。

後は普通温州の販売に切り替わっていた。この頃に生産拡大が本格化した青島温州は1月以降の時期に出荷され、普通温州と販売時期が重複していた。

1990年頃になると、1月以降の青島温州の出荷がさらに増加する一方で、普通温州は出荷量に占める1月以降の割合が減少し、12月の割合が増大している。このように、早生系統出荷終了後の継続出荷体制は、12月が普通温州、1月以降が青島温州というように、品種によって出荷時期を分担する動きを示していた。

しかし、普通温州の出荷を1995年で終了することになったため、12月後半の出荷量を維持するための対策が必要となった。そこで農協技術員を中心に、1990年代前半から着色促進など青島温州を早期に出荷するための技術普及がおこなわれ、出荷組合でも時期別の出荷目標を掲げて12月出荷を推進してきた。また、**表5-7**に示したように12月に出荷する青島温州の価格は有利であったために、徐々に12月の出荷は増加した。

表5-6に示したように、近年では青島温州の12月出荷の比率はかなり高まっている。後述のように、出荷組合では10月下旬から3月に及ぶ期間において安定的に出荷できるよう、組合員への希望調査をもとに計画を作成し、出荷時期に偏りがあれば調整をおこなっている。近年では、12月の青島温州の

第5章　規模階層二極化のもとでの産地技術マネジメント

表5-7　青島温州の時期別単価

単位：円/kg

	1980	1985	1989	1994	1995	1996	1997	1998	1999	2000	2001
12月	310.8	376.7	337.1	314.2	357.4	338.4	176.4	272.6	243.8	263.6	135.6
1月	228.6	231.0	211.9	294.6	264.5	273.0	123.9	256.8	143.3	250.2	147.6
2月前半	208.4	203.2	220.7	255.9	262.1	228.2	153.1	238.2	155.4	247.9	134.6
2月後半	184.5	204.1	204.7	236.2	249.6	213.4	172.3	226.8	163.1	237.6	134.3
3月	218.3	176.5	212.2	245.6	229.3	216.2	180.0	264.5	166.6	232.7	186.0

資料：三ヶ日町農協より作成。

出荷希望が多すぎるために、1月以降への出荷を指示する調整もおこなわれるようになっている。

　以上のように、三ヶ日町農協では新品種の導入を契機として長期出荷体制が変化してきており、それに対して出荷組合は品種、出荷時期と量に関する目標を掲げて組織的・技術的対応を図ってきた。

3）スピードスプレーヤーの導入と園地整備

　三ヶ日地区は、ミカン産地としてはもっともSSの普及が進んでいる[5]。SSは、広葉果樹では一般的であったが柑橘類には適さないものと考えられていた。それが最初に三ヶ日地区に導入されたのは、1980年であったとされている。

　その頃は、技術指導を主導する農協職員はSSの有用性には懐疑的であった。それは、防除を省力化できる反面で薬剤散布にムラが出来るなどしてミカンの品質が低下するというイメージがあったためだという[6]。これに対して、SSを最初期に導入した農家の動機は、省力化というよりも薬剤防除の際のかぶれや作業負担から家族を解放することであった。

　SSを最初の農家が導入してからしばらくは普及が進まなかったが、1985年頃にオレンジ輸入自由化などの動向を受けて省力化への意識が高まってか

（5）徳田（2014）を参照。
（6）農協職員の間でのスピードスプレーヤーの評価に関しては、三ヶ日町農協I氏
　　（ヒアリング当時、柑橘課長）へのヒアリングによる。

ら、導入する農家が数戸みられるようになり、1988年頃から農協技術員が試験場や普及員と共に有用性に関する調査研究を開始した。調査の結果、大幅な省力化が可能であるだけではなく、防除効果もむしろ高く品質向上が期待できるという評価が定着していき、1990年代初頭からは急速に普及が進むようになった。

SSは防除の省力効果は大きいが、機械の価格が高額であるため、栽培管理をおこなうすべての園地でSSを使用したいと強く動機づけられることになる。導入が盛んになった当初、農協技術員は、「機械は高いが薬剤散布はほぼ2分の1ですから、3ヘクタール以上の規模ならば年間90万円、7年で元が取れます」と述べたというが[7]、このような経済性を考慮しても、稼働面積を確保することは重要となる。

そのため、SSを導入しようとする農家においては、SSが通行可能な園内作業道を整備し、同時にSSの防除効果が高まるように植栽間隔を広めにとって新しい苗木を植栽する動きが広まった。園内作業道はSSだけでなく軽トラなども通行可能で、植栽間隔を広めにすることで、防除効果だけでなくそれ以外の作業能率も高まった。さらに、新植する品種としては青島温州が多く選択され、その生産拡大につながった。さらに、樹を1列にそろえて植栽することで、マルチ栽培もおこないやすくなった。

前項で述べた出荷組合による取扱い品種の整理の決定と、SSの普及の時期は重なっているため、専業農家においてはSSの普及が青島温州への品種更新を後押しした側面がある。また品種を更新するだけであれば、古い樹を伐採することなく高接ぎという技術を用いることが出来るが、SS導入農家では作業道などの整備を同時におこなうために改植による品種更新が主流となり樹齢構成が若くなるというメリットもあった。

（7）清水（1994）p.525。

4）安定出荷を実現するための出荷計画化

　出荷組合では、計画的な出荷と選果場の効率的な稼働のために、選果場への果実の搬入の計画化を徹底している。この計画出荷は、2000年までは支部を単位として「代表委員」とよばれる支部代表が、各農家への割当をおこなうことで実行されていた。2001年に光センサー選果機を導入したことを契機に、この割当は農協柑橘課が個別農家に対して直接おこなうようになった。いずれにしても、割当どおりに出荷できなかった組合員に対しては、精算金額に対するペナルティが科される。

　出荷の流れは、農家が共同計算の単位期間（プール）への出荷量を申し込むことから始まる。申し込みは各プールについてその都度おこなわれる。時期は集荷開始日の約一週間前であることが多く、農家には各プールの集荷開始予定日と終了予定日、そして品質に関する基準が知らされる。組合員はそれに対して、出荷量とその量を選果場に何回に分けて搬入するかを出荷組合に申し込む。

　申し込み時点で示されるプール期間はあくまで予定であり、その通りに実行されることは保証されていない。特定のプールへの出荷が多すぎたり少なすぎたりする場合、プール期間の延長や短縮によって一日あたりの出荷量が調整される。

　次に、申し込まれた数量と出荷回数に応じて、各組合員に出荷日時が時間単位で割り当てられる。割当を支部代表が担当していた際も、農協が割当をおこなうようになってからも、組合員の日時に対する希望はほとんど考慮されず、機械的に割り当てが実施されている。組合員はこれを無条件に受け入れる必要があり、守ることができなかった場合には罰則金が科される。

　このような罰則金を伴う出荷時間の割当制度によって、選果場の効率的な運営と市場への安定的・計画的な出荷が実現されている。

5）計画的な統制と創発的な技術導入

　以上にみてきた品種や計画出荷などに関する出荷組合の統制は、三ヶ日地区の大きな特長であって、ミカン産地や青果物に限らず農産物においてここまでの組織力を有している産地は稀であろう。

　このような統制には罰則が設けられているから、共販組織内の一部の支部などで自然発生的に取り組まれ、それが産地全体に広がるというケースは生じにくい。出荷組合の統制は、商系と出荷組合の対抗関係や市場の要求への対応など、明確な目的を持って出荷組合の役員が主導して導入されてきたものである。すなわち、統制による産地運営が導入されてきた経緯において創発性は低く、計画的な取り組みである。こうした統制や農協技術員が中心となった技術指導を考えれば、三ヶ日地区の産地運営はトップダウンの側面が強いとみることができる。

　しかし同時に、三ヶ日地区では創発性の高い技術導入もみられる。青島温州という品種と、SSによる防除の機械化という三ヶ日地区を特徴づける2つの技術の導入過程は、創発性が高い。双方の技術ともに、はじめに導入したのは三ヶ日地区の1戸の農家であり、その農家が導入した当初は地区内では注目されていなかったという点が共通している。

　導入の端緒が共販組織全体での取り組みではなく、個別農家の組織化されていない活動であることは両技術とも同様であるが、両者を比較するとSSの方が創発性は高い。

　青島温州は、三ヶ日地区にはじめて導入された6年後に県の奨励品種に指定されているし、ミカン生産の拡大下でどのような品種を増産すればよいのかは、産地全体に共通する関心事であった。これらを考えれば、革新的な農家が青島温州を導入したことは、この品種の導入時期を早めた可能性はあるが、基本的には静岡県全体の動向や共販組織が優先的に取り組んでいた技術対応の方向性に沿ったものであった。

　これに対してSSの場合、農協職員は当初この技術を否定的に評価していた。

また、初期導入農家の目的が薬剤かぶれの軽減であり省力化を重視していた当初の農協の認識とは異なっていた。実際に導入が進んだ結果、省力化や肉体的な負担軽減に加えて、品種転換や園地基盤整備の促進にも間接的につながっていた。

　つまり、SSの導入プロセスにおいては、革新的な農家が導入しなければ農協や共販組織が有用性を認める可能性は小さかったであろうこと、既存の技術構造の方向性を変えるような技術が導入されたこと、導入後に当初想定されていなかったようなメリットが得られたことなどに、より高い創発性を見出すことが出来るのである。

　ただし、SSは有用性や効果的な導入方法に関する検証・研究活動が農協を中心として取り組まれてきたが、出荷組合としては共販体制のなかに導入に関するインセンティブを明確に組み込んではいない。

４．出荷組合による統制と支部運営

　三ヶ日地区における専業的展開と兼業化の二極分化は、地域性をもって展開している。その地域性は出荷組合の支部運営に反映されているが、支部は集落を単位として組織されているため、ここでは集落を４つの類型に区分し、その特徴と地域を示した。

　表5-8がその類型区分で、それを地図上に示したものが**図5-5**である。各地域の特徴をまとめると、Ⅰ地域は、三ヶ日地区北部の丘陵ないし山間地域に立地し、専業農家率が比較的高く、大規模で、労働力の保有状況も充実しており、SSが普及している。

　Ⅱ地域は河川沿いの平坦地に沿って住宅地が点在しており、その背後の河岸段丘がミカン園となっている。経営規模は中規模で、専業農家率はⅠ地域よりも低いが第一種兼業率が比較的高く、主業的な地域となっており、一部の地域ではSSの普及率も高い。出荷組合の出荷実績の顕彰で表彰される農家もおり、Ⅰ地域より規模が小さいなかで、集約的な栽培管理を志向する傾

157

表 5-8　集落類型とその特徴

単位：％、a

		販売農家数増減率 2000/1990	専業農家率	第一種兼業農率	第二種兼業農率	60歳未満男子農業専従者のいる農家数の割合	男子専従者2人以上の農家数	一戸あたり樹園地面積	樹園地面積増減率 2000/1990	耕作放棄地の割合	SS保有率	年内青島の割合	出荷量に占める青島の割合
I	平山	97.7	28.8	38.0	32.6	44.2	24.0	196.0	106.7	0.7	29.5	62.1	63.7
	只木	97.2	34.7	34.3	30.0	45.7	24.3	192.9	101.6	1.9	27.1	69.0	68.4
	大福寺	94.8	37.5	36.3	24.2	53.8	28.6	192.7	99.6	0.5	26.4	67.1	62.7
	本坂	91.0	29.9	31.1	36.1	39.3	23.0	188.2	107.8	0.7	19.7	66.0	63.8
	平均	95.6	32.4	35.6	30.5	46.2	25.1	193.2	103.9	0.9	26.5	66.1	64.6
II	日比沢	86.4	18.2	40.4	38.6	38.6	19.3	162.5	96.1	0.8	35.1	62.4	71.6
	上尾奈	93.8	18.5	31.1	49.2	27.9	16.4	157.2	103.4	3.4	36.1	71.0	67.2
	長根	98.4	22.2	43.5	33.9	37.1	14.5	148.5	99.7	3.4	19.4	61.8	63.0
	釣	97.8	17.4	31.1	51.1	20.0	8.9	130.8	108.4	2.2	26.7	69.4	71.1
	下尾奈	93.9	19.3	37.4	42.1	30.8	13.1	135.3	104.3	2.4	9.3	70.9	61.7
	駒場	95.7	17.4	43.2	38.6	34.1	15.9	121.3	91.1	1.3	9.1	64.2	61.0
	御薗	93.1	17.2	37.0	44.4	25.9	7.4	123.7	94.8	3.1	0.0	61.1	67.9
	平均	93.9	18.9	37.7	42.2	31.3	14.1	141.7	100.5	2.4	19.9	66.1	65.6
III	大谷南	84.9	11.3	35.6	51.1	28.9	11.1	105.9	103.1	2.8	13.3	62.7	60.9
	宇志	93.7	15.9	30.5	52.5	13.6	6.8	96.0	99.6	1.5	3.4	76.2	60.3
	岡本	95.3	25.9	25.9	46.9	30.9	18.5	102.8	105.2	1.3	2.5	64.6	61.3
	大谷北	100.0	16.7	36.7	46.7	30.0	16.7	106.2	108.9	2.9	5.0	63.4	66.0
	鵺代	87.0	14.8	27.7	55.3	19.1	10.6	102.9	104.5	2.4	14.9	63.4	61.7
	津々崎	97.4	7.9	29.7	62.2	27.0	16.2	102.2	91.7	0.9	5.4	66.9	60.0
	摩訶耶	90.9	27.3	15.0	55.0	15.0	5.0	95.9	89.9	1.9	5.0	67.0	76.3
	平均	93.1	17.3	29.8	51.6	24.6	13.2	102.2	102.0	1.9	6.6	67.0	62.6
IV	北平	60.0	0.0	33.3	66.7	16.7	0.0	86.5	69.4	17.7	8.3	55.2	75.6
	大崎	79.5	15.9	21.4	58.6	24.3	10.0	57.2	83.2	10.9	2.9	77.7	44.8
	三ヶ日	90.7	16.3	5.1	76.9	5.1	5.1	68.0	96.6	4.1	2.6	57.6	64.7
	佐久米	88.0	4.0	11.4	84.1	9.1	4.5	53.2	88.3	16.1	0.0	76.5	70.5
	西・野	86.7	6.7	17.9	74.4	12.8	5.1	40.8	84.0	6.0	2.6	82.9	49.3
	新・南	100.0	11.1	18.5	70.4	3.7	3.7	45.8	92.2	28.1	3.7	72.4	60.3
	平均	84.6	10.6	16.5	71.0	11.2	6.1	55.7	86.1	11.9	2.6	68.9	58.9

資料：農業センサス集落カード、三ヶ日町農協資料より作成。
注：1）集落の分類は、クラスター分析による。分析には、表頭に示した項目を標準化せずに用い、クラスター間の距離には平方ユークリッド距離を用いた。
　　2）出荷組合の支部が2集落にまたがっている場合は、支部単位に集計した(西・野支部と、新・南支部)。

第5章 規模階層二極化のもとでの産地技術マネジメント

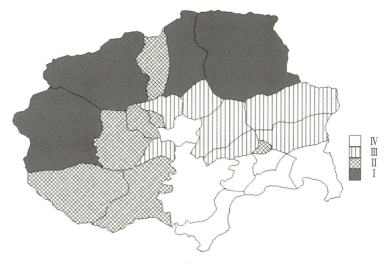

図5-5 集落類型の地図
資料：農業センサス集落カード、三ヶ日町農協資料より作成。

向もみられる。

Ⅲ地域は、三ヶ日地区東部の内陸に位置し、宅地化も進んでいるが、ある程度の担い手層を確保できている地域である。経営規模が小さく、SSも普及していない。そしてⅣ地域は、宅地化が進む浜名湖沿岸の地域である。集落によっては専業農家が存在しないところもあり、経営規模も零細で、SSもほとんど普及していない。また、他地区と異なる特徴は、樹園地面積の大きな減少と耕作放棄地がみられることである。これは、零細で条件に恵まれない園地が多いことと、宅地化や高速道路などの用地買収の影響があるためである。

このように三ヶ日地区では、明瞭な地域性をともないつつ大規模経営と小規模兼業経営が併存している。専業農家が皆無の支部もあるために、前章までの事例でみられたように支部単位で農家同士が教え合うという形の技術対応を産地として全面的に採用することは難しい。その意味で、農協主導の技術指導体制が強化されてきたことには、ある程度必然性がある。

支部の地域性は、出荷組合の組織運営にも影響を及ぼしている。表5-9は、

159

表 5-9　各支部の運営状況と戸数増減の理由

I	平山	2001 年に新規加入が 1 戸あった。加入は他の組合員の推薦が必要で、さらに、支部総会において新規は 7 割、再加入は 9 割の賛成が必要であり、厳しく審査している。
	只木	一度脱退した人でも再加入できた。組合員の減少は、高齢化で計画出荷や庭先選別に対応できないためである。自販では、専業農家は 3 件のみで、あとは兼業である。
	大福寺	自販ではミカンがうまく売れないので新規加入した人がいた。自販でいるのは小規模な農家で、出荷時間の指定に対応できないから。
II	長根	組合員の減少は、計画出荷の厳しさや、後継者不足による離農である。自販の農家は小規模で、一度は出荷組合に入っていたがやめた人が多い。事例農家は 1988 年まで自販であったが、1989 年に出荷組合に新規加入した。それまでは、自分で箱詰めして市場にミカンを持ち込んでいたが、売り先がだんだんなくなってきたので共販に参加した。農協の生産指導は自販のころから受けていた。
	駒場	選果と出荷が大変だということで組合員数が減少したが、今後はあまり減らないと思う。中核的な農家が 6 件で、あとは息子が土日に手伝ってくれるような高齢農家である。自販の農家はすべて兼業で、出荷体系についていけず脱退した人。
III	岡本	農協は 55 歳で定年になるが、そのような退職者が結構いて代表委員をやってもらっている。
	鵜代	昔、商系に荷を横流しして除名された人がいて、それ以来支部の規律は厳しい。それ以外の自販は 3 戸だが、自家用程度にしか作っていない。
	津々崎	自販は 4 人で、1 人は選果が厳しいなどの理由でやめたもと組合員である。農協の技術指導は受けている。大規模な支部と比較して、決まり事をよく守ることが特徴である。
IV	北平	もともとミカン専業が少なく、たまたま園地があるので作っているというような地域である。国有林の払い下げで造園した、小規模で急傾斜の園地が荒廃している。息子が他出した高齢農家が多い。
	三ヶ日	組合員減少の原因は、後継者不足による離農である。中核的な農家は 5 件で、あとは自営兼業やサラリーマンなどいろいろである。
	佐久米	組合員の減少は、離農によるものである。中核的な農家は 1 戸だけである。自販は 5 戸くらいで、最も大きいのが 1ha 程度の経営である。しっかり管理作業をおこなえば、よいミカンができる土地だが、労働力不足なので最低限のことだけやっているという状況である。
	新・南	東名高速の用地買収で兼業化や離農があった。高齢農家で、息子さんに手伝ってもらってなんとかやっているという人が多い。もう 5〜6 年くらいで子弟が定年になって戻る人が多いので、今が一番辛いときである。

資料：各支部の支部代表へのヒアリング調査（2001 年）による。
注：「自販」とは、農協以外に出荷すること、もしくはそれをおこなう農家を指す言葉である。

　各支部役員に対するヒアリング調査において、各支部の組合員数の減少理由および支部運営の状況のヒアリング結果をまとめたものである。

　組合員数の変化に注目するのは、ミカン農家が出荷組合に加入しようとする場合、それを許可するかどうかの権限を支部が有しているためである。新規加入者をどのように扱うかは支部の判断に任されており、そこでどう対応

第5章　規模階層二極化のもとでの産地技術マネジメント

するかに支部の地域性が反映されている。

表5-9にみられる構成員数変化の理由は、出荷組合の統制に対応できないという理由と、後継者不足や高齢化による離農の2つにわけられる。

Ⅰ地区とⅡ地区の専業的な地域では、出荷組合の統制を厳格に実施しているため、それが組合員数の減少につながっている。これらの地区では、出荷組合として要求する計画出荷や庭先選別の水準を守ることが出来るかを重視しており、それが加入認可の基準となっている[8]。

これらの支部では、新規加入を希望する農家から申し出があると、支部総会などで多数決がとられ、そこで許可されると1年間の試験期間が設けられ、その間に問題がなければ正式に加入できるという手順がとられている。この審査は厳しく、支部総会の決議の段階で加入を断られた農家もこれまでに数件あった。

こうした支部においては、新規加入を拒むだけではなく、既存の構成員農家に対しても統制遵守の程度によっては排他的作用が働いている。全量出荷規約違反を除けば、直接的に除名という形がとられることはないが、統制を守ることができなかった場合に課される罰則金が何年か続けば、それは支部内に知られるところとなり、自発的な脱退につながることがあった。

選果場建設費の償却のためには出荷量を多く確保することが望ましいため、農協の要望により出荷組合が構成員増加を積極的にすすめる方針を打ち出したこともある。しかしその際も、新規加入の認可権をもつ支部の対応は消極的であった。

一方で、離農を主な減少要因としている支部はⅣ地区である。ここでは兼業農家が多く経済的な面でミカン販売への依存度が低いうえに、持ち回りで選出される出荷組合の役員のなり手を確保することにも苦労している。したがって、構成員を減少させてまで統制を徹底しようという意識は低い。統制

（8）これ以外には、共販組織への全量出荷の規約を守らなかったことなど、商系との関わり方が人間関係にしこりを残している場合がある。こうした場合には新規加入の審査や基準は特に厳しいものとなる。

161

違反による罰則金が支部員に課された場合、支部長が支部員に対して直接話をして改善を促すのであるが、この役割は心理的に負担が非常に大きい。支部によっては、個人に対して罰則金の支払いを求めず、通常は懇親会等に使用される支部会計から支出している支部もみられる。

品種更新や出荷割当てにみられたように、出荷組合は組合員を強く統制する組織であるが、実際に個別農家にそれを浸透させる段階は、支部組織が担っている。それぞれの支部では地域の実情に合わせて独自の運営がおこなわれており、その全てに出荷組合の統制が及んでいるわけではない。共販組織としての排他性は、構成員の加入・脱退に関する権限を有する支部の運営に左右される面が大きく、そこでは時には農協の意向と一致しない意志決定も見られるのである。

5．事例農家における品種更新と出荷統制への対応

1）品種更新への対応

ここでは、支部ごとに1戸ずつ選定した事例農家への調査結果をもとに、出荷組合の統制に対する農家の対応をみてゆく。事例とするのは、**表5-10**に示した農家で、兼業農家はあるが農業経営については柑橘作単一経営である。ここでは、A～E農家を大規模層、F～M農家を中小規模層とするが、これは前節でみた地域性と概ね一致している（G農家のみ、中小規模層であるが大規模専業的なⅡ地域に属している）。

事例農家について、改植・新植の状況をみたものが**表5-11**である。大規模層と中小規模層のそれぞれについてみると、大規模層ではB農家以外は1985年以前から青島温州の導入に取り組んできている。それに対して中小規模層では、H農家とJ農家以外では1985年以前の青島温州の導入は少ない。ただし、大規模層では早い時期には青島温州よりも、むしろ早生品種の導入の方が多く、また両者とも青島温州導入のピークは1986年以降となっている。

これらの特徴は、次のような理由によるものである。まず、大規模層にお

162

表 5-10 調査農家の概要

単位：ha・円/kg

農家番号	地域区分	専兼の状況	家族労働力（年齢）基幹労働力	補助的労働力	収穫時の雇用労働力	園地面積 合計	早生	青島	その他柑橘	園地箇所数	販売単価 早生	青島
A	I	専業	経営主 (48) 妻 (44)	父 (78) 母 (72)	5～6人×27日	3.86	0.90	2.76	0.20	13	167	167
B	I	専業	経営主 (56) 妻	なし	早生7～8人×26日 青島15人×16日	3.40	1.40	2.00	0.00	9	x	x
C	II	専業	経営主 (54) 妻 (48)	なし	3～5人×25日	3.20	0.58	2.19	0.43	12	130	150
D	I	専業	経営主 (64) 妻 (62)	なし	x	2.97	0.68	2.24	0.05	11	136	180
E	I	専業	経営主 (x) 妻 (x)	なし	5～6人×x日	2.7	0.85	1.85	0	9	x	x
F	III	退職後専業	経営主 (55) 妻 (x)	なし	5～6人×x日	1.70	0.65	1.05	0.00	6	125	136
G	II	専業	経営主 (56) 妻 (55)	長男 (32) 長男妻 (29)	x	1.56	0.50	0.88	0.18	13	x	x
H	IV	恒常的兼業	経営主 (55) 妻 (54)	次男 (25)	親類・知人に時々来てもらう	0.91	0.25	0.66	0.00	11	131	168
I	III	自営兼業	経営主 (62) 妻 (63)	なし	早生：なし 青島：3～4人×2日	0.82	0.18	0.64	0.00	8	131	150
J	IV	退職後専業	経営主 (62) 妻 (58)	なし	なし	65.0	19.0	42.0	4.0	5	150	150
K	IV	恒常的兼業	経営主 (56) 妻 (55)	長男 (x)	なし	0.42	0.03	0.39	0.00	9	x	x
L	IV	1996年に退職後専業	経営主 (66) 妻 (60)	なし	兄弟に来てもらう	0.43	0.33	0.10	0.00	2	140	170
M	IV	1997年に退職後、自営兼業	経営主 (64) 妻 (61)	なし	親戚に来てもらう	0.02	0.01	0.01	0.00	6	120	131

（A〜G：大規模層、H〜M：中小規模層）

資料：ヒアリング調査（2001年）による。
注：xは回答が得られなかった項目である。

表 5-11　事例農家における新植・改植改植の状況

単位：a・%

		経営面積	うち早生	うち青島	青島の割合(%)	~1970	1971~1975	1976~1980	1981~1985	1986~1990	1991~1995	1996~2000	2001~
大規模層	A	386	90	276	75.4	24(12) 3(3)	11(3) 11(11)	40(40)	 42(26)	47(10)	130	9	15(15) 45(45)
	B	340	140	200	58.8				25	100 (40) 30	15 125	45	
	C	320	58	219	68.4	8 35	15	3(3)	30(30)	46	50 55	35	
	D	297	68	224	75.4			28(28)	25(15) 17(17)　39(39)	70(25)	15	43(28)	55
	E	270	85	185	68.5	5(5)	50	10 50	20 30(30)		35	70	
中小規模層	F	170	65	105	61.8	15 5	20(10)	10(10)		10	10 40	10	50
	G	156	50	88	56.4	40(40)	10(10)			10(10)	40	25(14)	13
	H	91	25	66	72.5	25(25) 27		18(18)		12	6	3	
	I	82	18	64	78.0	18(8) 9(9)			13	15	20	7	
	J	65	19	42	73.7		11(11) 35(35)			7			
	K	45	3	39	92.9			2(2)		1 31	7	1	
	L	43	33	10	23.3	18(18) 5(5)						15 5	
	M	24	11	14	56.8	0.73	0.35			0.46		0.35	0.32 0.22

資料：ヒアリング調査（2002年）による。

注：1）上段は早生温州，下段は青島温州の新植・改植面積を表しており，括弧内がそのうちの新植面積（開墾や他作目からの転換により，新たにミカンを植栽した面積）である。ただし，園地流動の際にあらかじめ植栽されていた樹を栽培し続けた場合も括弧内に含む。

2）早生と青島以外の品種は集計対象外とした。また，複数回の改植などがある場合には，新植・改植面積の合計と園地面積は一致しない。

いて早い時期に早生品種の導入が多いのは，旧来の品種と収穫時期が近い青島温州よりも，早生温州を導入する方が収穫労働のピークを分散できるためである。

　そして，大規模層は園地面積が大きいため，改植後の収入減を考えると品種更新を一気にすすめることが難しい。**表5-12**では，大規模層のA農家，B農家ともにこの点を指摘している。特にB農家では，油圧ショベルと大苗移

第5章　規模階層二極化のもとでの産地技術マネジメント

表5-12　事例農家における改植・品種更新に対する考え方

大規模層	A	1985年頃から（旧品種である）尾張や杉山から青島温州への改植を進めた。現在は、早生が古くなってきているので改植しなければならない。全部いっぺんに改植してしまうと、収穫量が減ってしまうので、計画的にやってきた。
	B	油圧ショベルを導入したので、大きな苗が植えられるようになり、未収期間が短くなった。作業も楽になり、一年に3反くらいずつ改植を進めている。小規模な人はいっぺんに改植できるが、面積が大きいので順番に改植しなければならない。
中小規模層	H	高接ぎで更新している園地が多い。高接ぎですでに青島になっている園地も、もとの樹が古いので今年改植する。
	I	杉山（受け入れ停止となった品種）は、取扱が停止される年まで作って、それから改植した。杉山は、最後の方は値段がよかった年もあったし、隔年結果が少なく作りやすかったので。
	J	早い段階から青島温州への転換をすませてきた。農協の指導があったので、青島温州を植えてきた。
	K	半分以上の園地を高接ぎで品種更新してきた。
	L	1996年に定年退職した頃にミカンがなるように、1993年に改植しておいた。出荷組合で受け入れ停止となる品種だったこともあって。
	M	高接ぎの樹が多かったが、もとの樹が古いので枯れてきてしまう。父が植えた木を切るといやがるので、父が亡くなってから改植した。

資料：ヒアリング調査により作成。

植によりこの問題を軽減できるようになるまで改植に取り組んでこなかった。

　また、表5-12においてH農家やK農家が述べているように、中小規模層では高接ぎにより青島温州を導入するケースも多い。これも品種更新に要する労力や未収期間の負担を軽減する作業方法であるが、大規模層でこの方法をとるものは少ない。SSの導入を想定しながら改植をすすめるため、高接ぎではなく樹を伐採して園内作業道を整備しつつ苗木による品種更新をおこなうことが多いためである。SSが90年代から普及しはじめたため、これを導入するために園地の整備が進められるようになったことも、大規模層において90年代に品種更新が盛んになった要因である。

　中小規模層における品種更新の方針を表5-12でみると、J農家のように農協職員の勧めにしたがって早期に青島温州への品種切り替えをすすめてきたものもある一方で、I農家のように猶予期間いっぱいまで品種更新をおこなわなかったものも存在している。

　以上のように、青島温州の導入時期について大規模層と中小規模層を比較した場合、1990年代以降に品種更新が進んだ点は共通している。大規模層で

165

も、改植のピークは出荷組合が旧品種の受け入れ期限を定めた後の1990年代初頭となっていた。

　これに対して中小規模層の農家では、出荷組合による旧品種の取扱い停止の決定がなければ、品種更新をおこなわなかった可能性が高いものもみられた。ヒアリング調査の結果（**表5-12**）をあわせてみれば、出荷組合の決定が中小規模層の品種更新の直接的な契機となった農家も多いと考えられる。

2）計画出荷への対応

　次に、**表5-13**と**表5-14**により青島温州の出荷時期の選択について分析する。ここでは、調査時点において価格条件が有利であった12月の出荷比率（表

表5-13　事例農家におけるプール別出荷量（2002年）　　　　　　　　単位：t・%

		出荷量			早生プール					青島プール				
		合計	うち早生	うち青島	1	2	3	4	5	1	2	3	4	5
大規模層	A	90	30	60	2.0(6.7)	4.0(13.3)	4.0(13.3)	4.0(13.3)	16.0(53.3)	24.0(40.0)	36.0(60.0)			
	B	116	60	56		6.0(10.0)	6.0(10.0)	6.0(10.0)	42.0(70.0)		42.0(75.0)	14.0(25.0)		
	C	88	28	60				12.0(42.9)	16.0(57.1)	12.0(20.0)	20.0(33.3)	12.0(20.0)	12.0(20.0)	4.0(6.7)
	D	79	23	56	2.0(8.7)	2.0(8.7)	1.0(4.3)	6.0(26.1)	12.0(52.2)	12.0(21.4)	18.0(32.1)	9.0(16.1)	9.0(16.1)	8.0(14.3)
	E	80	30	50	2.0(8.0)	4.0(16.0)	4.0			19.0(38.0)	19.0(38.0)	12.0(24.0)		
中小規模層	F	34	12	22		1.0(8.3)	1.0(8.3)		10.0(83.3)	12.0(54.5)	10.0(45.5)			
	G	18	3	15		1.5(50.0)		1.5(50.0)		6.0(40.0)	3.0(20.0)	3.0(20.0)	3.0(20.0)	
	H	6.3	8	11	0.5(6.3)	1.0(12.5)	2.0(25.0)	2.0(25.0)	2.5(31.3)	3.0(27.3)	6.0(54.5)	2.0(18.2)		
	I	12.8	2.8	10			1.5(53.6)	1.3(46.4)		6.0(60.0)	2.0(20.0)	2.0		
	J	28	8	20	0.6(7.5)			1.2(15.0)	6.2(77.5)	3.5(17.5)	16.5(82.5)			
	K	19	2.3	4	(6.3)	(12.5)	(25.0)	0.3(25.0)	2.0(31.3)	1.0(25.0)	1.0(25.0)	1.0(25.0)	1.0(25.0)	
	L	6.7	5.2	1.5		0.8(15.4)	0.4(7.7)	1.0(19.2)	3.0(57.7)	1.0(66.7)	0.5(33.3)			
	M	7.5	3	4.5				0.5(16.7)	2.5(83.3)	2.0(44.4)	2.5(55.6)			

資料：ヒアリング調査（2001年）による。
注：1）上段の数値は出荷量、下段の数値は全出荷量に対する当該プールの出荷量の割合を示している。
　　2）青島の共同計算期間は、第1プールが12月、第2プールが1月、第3～4プールが2月、第5プールが3月に販売したものである。

第5章　規模階層二極化のもとでの産地技術マネジメント

表5-14　出荷時期の選択と出荷割当への対応状況

大規模層	A	家庭選果が昨年から簡略化されたので、4tを出荷するとき2日前から選果しなければならなかったのが、1日ですむようになった。 　できるだけ、価格のよい12月に出荷したいと考えているが、今までは収穫や家庭選果が間に合わずに、12月出荷の比率を高めることができなかった。2001年度からは家庭選果の簡略化で労働力の問題は軽減され、今までよりも多く12月に出荷できるようになった。しかし、全体的には樹が若くて年内に出荷するには不向きである。
	B	今までは、選果しなければならない量が多いために、小規模な人と比較して選果がしっかりできなかったが、現在では選果が簡略化されたのでそのような不利がなくなった。 　早生の出荷が遅くまでかかるので、青島は12月には出荷していない。12月の価格が必ずしもよいとは限らないと思う。
	C	青島の最終プールまで出荷している。長期貯蔵が可能な倉庫をもっているし、昔からそのように出荷しているので。労働力も平準化することができるので、どのプールにも平均的に出すようにしている。昔からの出荷のやり方を積極的に変えようとは考えていない。
	D	出荷は各プールに平均的に出すようにしている。
	E	今年は出荷作業の終了が少し遅れてしまったが、例年は2月中旬までに出荷をすませて、園地での春の作業を早くはじめるようにしている。長く貯蔵していても、傷みや目減りがあるし、手間をかけた分の価格が保証されているわけでもないから。
中小規模層	F	早生は、申し込みの時点でどのくらい収穫作業が進むかわからないので少なめに申し込んでしまう。青島は、可能な限り12月に出荷したいと考えている。価格条件がよいし、貯蔵庫が狭いため早くスペースを空けたい。そのために最も問題となるのは労働力の不足である。
	G	貯蔵庫が狭い。改植した樹の成長に伴って出荷量も増えるので、これからどうするか困ったものだ。今年は早生の収穫が遅れたので、青島の早期出荷も少なくなってしまった。
	H	割当て量については、重さを計量してから出荷するので守ることができている。勤めがあり、家庭選果は主に妻がおこなうので、前日にすべき家庭選果が二日前になってしまうことが時々ある。出荷日を選ぶことができないので、半日休暇を取らなければならないことがある。
	I	自営兼業のクリーニングと、造園業をしている。造園業はミカンの収穫時期に仕事がないので都合がよい。貯蔵庫の設備が不十分なのであまり遅い時期には出荷できない。
	J	兼業で収穫を土日にしようと考えていた場合、雨が降ると計画出荷を守ることができなくなる。
	K	例年は1月で出荷を終える。会社を定年になってからのことを考えてできるだけ園地を維持していこうという考えで、なんとか作っているという状況である。
	L	労働力の不足によって一番困るのは収穫作業である。作業をしようという日に雨が降ったり、霜害などで早く収穫をしなければならないときが困る。家庭選果は、出荷の二日前に一度やっておき、前日にもう一度痛みがないかみて、割当て量を守るために重さを計量しておく。 　貯蔵庫が狭いことと、早く仕事を終わらせたいので、早生の栽培面積を大きくしている。青島は、園地条件から着色が遅れるので、年内に出荷したことはない。
	M	出荷量を守るために、量をはかってもってゆく。選果ができないので、出荷は一日500kgを出すので精一杯である。時期別の価格については意識しておらず、とにかくミカンが傷まないうちに出荷してしまいたい。以前は班長さんの指示通りにミカンを出荷するだけであったが、代表委員になってから出荷体系について理解できた。

資料：ヒアリング調査により作成。

5-13の青島プール1）を中心に検討する。

　まず、大規模層についてみると、12月の出荷比率も、その理由についての回答も様々である。パターンとしては、価格条件のよい年内出荷を強く志向

167

する農家（A、E農家）、労働力の平準化や昔からの習慣を理由に各時期に対して平均的な出荷行動をとる農家（B、C、D農家）に区分することができる。ただし、B農家では早生品種との収穫出荷作業の競合がみられる。大規模層では近年早生の改植も進められており、その収量が増加した場合には、B農家以外でも品種構成による労働力競合の問題が生じる可能性がある。

　ここで注目しなければならないのは、後者のパターンのうち、C、D農家が青島温州の最終プールまで出荷を続けていることである。早期出荷の有利性により後期のプールの出荷量は減少傾向にあるが、この時期にもミカンの需要はあり、青島温州の品種特性が活かせる出荷時期でもある。そこで、出荷組合では後期プールの出荷量増加を目標としているが、そこでは貯蔵設備や貯蔵技術を持つこれらの農家の対応がカギとなるのである。

　一方、中小規模層においても多様な行動がみられる。少量出荷の利点を生かして12月出荷を追求するもの（F農家）もあるが、ほとんどの農家は貯蔵施設が質・量的に不足しており、そのことが早い時期の出荷を促す一因となっているのである。これは、出荷組合の統制では対処することが難しい問題である。

　出荷割当への対応では、前節でみたとおり、罰則を伴う厳しい出荷割当てがおこなわれている。これはL農家のような恒常的兼業農家にとって大変な負担である。特に、土曜・日曜の休日に予定していた収穫作業が雨天により不可能になる場合は対応が難しく、これに対しては、余裕を持って早めに収穫を終えられるよう申し込み量を少なくするくらいしか解決策がないのである。また、兼業農家は平日の出荷にも仕事を休むなどして対応している。

　このような困難はあるものの、計画出荷は全階層において遵守され、罰則金が課されるのは、目算による計量を誤ったことによる出荷量オーバーか、連絡ミスや失念などによる出荷日の勘違いによるケースがほとんどである。

　厳しい統制のなかにあって、出荷組合と三ヶ日町農協が組合員の結集を失わない背景には、極めて高い組織へのロイヤリティがある。ヒアリング調査において、なぜこのような厳しい統制に対応できるのかを問うと、ほぼすべ

ての農家が、「出荷組合の統制だから」と回答し、それに従う理由は「自分たちの組織で決めたことだから」とのことであった。このことは、共販組織の運営が共同利用施設的な性格を強く有していることを示唆している。

3）販売成果における階層間格差

　表5-15に、大規模層と中小規模層からそれぞれ1戸、さらに近隣のT農協の3者について販売成果を示した。T農協は広域合併農協であり、三ヶ日町の出荷組合で取扱を停止した品種も扱っているが、主力品種は青島温州である。ここで注目されるのは、B農家の販売単価の高さであり、すべての時期においてJ農家を大きく上回っている。しかも、販売価格の有利な12月と3月に多く出荷しており、有利な販売をしていることがわかる。

　J農家は恒常的兼業農家であるため12月の出荷が少ないうえ、長期貯蔵を必要とする3月には全く出荷していない。このJ農家は聞き取り調査において、高品質生産を意識するどころか「農協の指導の通りにミカンを作るのがやっとである」と述べている。このような認識は、事例農家のうち恒常的兼業農家にほぼ共通したものであったが、それでもJ農家の販売単価はT農協のものよりも高くなっている。このような販売成果は、農協の綿密な営農指導が兼業農家の品質向上を可能としていることや、計画出荷の徹底など出荷組合の販売努力によるものと考えられる。

表 5-15　青島温州の販売状況（2004 年）

		12 月	1 月	2 月	3 月	合計
B	販売量（t）	31.2	16.0	6.6	7.3	61.1
	単価（円/kg）	224	193	220	358	232
	販売高（千円）	7,011	3,097	1,452	2,596	14,156
J	販売量（t）	1.8	7.4	0.4	0.0	9.6
	単価（円/kg）	188	159	182	－	166
	販売高（千円）	339	1,181	64	－	1,584
T 農協	販売量（千 t）	780	2,579	2,267	27	5,654
	単価（円/kg）	159	114	136	223	130
	販売高（百万円）	124,367	294,868	308,087	6,066	733,388

資料：ヒアリング調査（2004 年）、T 農協資料より作成。

6. 三ヶ日町農協における産地技術マネジメントの特徴

1) 産地技術マネジメントの概要

三ヶ日地区の産地技術マネジメントについて、**図5-6**に整理した。

①②

産地に導入された新技術として本章で述べてきたのは、広葉果樹で利用されていたSSをミカン生産に応用したことと、新品種である青島温州であった。青島温州は他産地で枝変わりとして発見された品種で静岡県下では注目されていたが、最初に導入したのは革新的農家であった。

③

農協は、試験場や普及機関とともにSSや青島温州などの新技術の有用性を検証し、その結果に応じて新技術の普及促進に取り組んだ。

④

SSについては、出荷組合による技術対応とは基本的には無関係に普及が進んだ。この技術を導入するためには、高額な投資が必要となること、防除

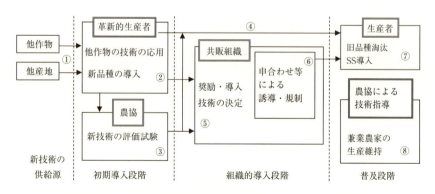

図5-6 三ヶ日地区における産地技術マネジメントの特徴

資料：筆者作成。

第5章　規模階層二極化のもとでの産地技術マネジメント

効果の改善による外観品質向上効果も期待できるものの、基本的には省力化を主目的とするといった特徴がある。これらの特徴から、農協や共販組織がトップダウンにより普及することには馴染まず、個々の農家の経営判断によって導入がなされるべきものといえる。

⑤

新品種である青島温州について共販組織では、農協による試験結果や、先駆的に導入した農家が市場に出荷した際の評価などを根拠として、これが有望な品種であると判断し、奨励品種とすることを決めた。この決定は、当時共販組織に技術対応組織として設けられていた生産委員会によってなされた。

⑥

青島温州は、販売価格の有利性から自発的な導入が進んだが、兼業農家には品種を更新しないものがあり、大規模農家においても旧品種の淘汰を完了するには長期間を要していた。そのため、出荷組合では期限を決めて旧品種の取扱いを終了することで、強制的に品種更新を促進することを図った。

⑦

農家においては、上記①～⑥により新品種の導入と旧品種の淘汰、SSの導入が進展した。特に大規模層においては、両者が圃場整備と結びつくことにより併進的に進展し、それを機にマルチ栽培も広がりをみせた。

⑧

前章までの事例では、日常的な講習会活動は地域の農家組合や共販組織支部が主導的に実施していたが、三ヶ日地区では支部単位での講習会でも農協主導の側面が強く、さらに農協による有線放送を通じた技術情報の提供が大きなウェイトを占めていた。

農協は、有線放送を用いて、現在おこなうべき栽培管理作業を周知している。これは特に兼業農家の生産量の維持に対して重要である。新技術を導入していなかったとしても、永年作物であるミカン作においては、樹の状態などにより実施すべき作業の方法が変わることも多い。兼業農家が有線放送による指導なしにはミカン生産ができないと感じるのは、そうした判断を自ら

171

おこなうことが難しいためと考えられる。

　また、青島温州については、導入開始当初、農協技術員はこの品種を強く推奨しており、これが導入を促進したとされている[9]。

　三ヶ日地区の技術対応にみられる最大の特徴は、出荷組合による強力な「統制」である。これは、一般的には部会組織による「締め付け」と呼ばれるものに相当するが、三ヶ日地区ではそれを日常的に統制と呼んでいる。確かに、高い水準の努力を要求する申し合わせ事項が、形骸化せずに経営規模の大小や専兼を問わず浸透している様子は、統制と呼んでも違和感がないように思われる。この統制の内容は、選別基準や選果場への果実搬入の計画化など多岐にわたり、純粋な技術対応の枠を超える内容も含まれている。

　さらに、前章までの事例とは異なり、日常的な技術指導も有線放送による情報提供をおこなう農協の存在が大きい。これらの特徴から、三ヶ日地区における技術対応はトップダウン的な要素が強いといえる。しかし、そうしたなかにもボトムアップ的な要素は見出すことが出来る。

　それは、新技術である青島温州とSSの初期導入が農家の手でおこなわれたことである。初期導入の後、青島温州は地区内の農家に価格等の面で優位性が認められある程度自発的に進んでおり、出荷組合の統制は、品種更新がある程度進んだ段階でさらなる徹底を図るための方策であった。

　ただし、青島温州については技術導入プロセスの創発性はそれほど高いとはいえない。初期導入がなされた時期は、12月以降に貯蔵ミカンとして出荷が可能な品種で有望なものを探索する機運が高まっていた。青島温州はこの要求に合致する特徴を備えた品種であるし、初期導入の頃には静岡県の奨励品種にすでに指定されてもいた。

　SSについては、初期導入をおこなった農家の主観的な目的が防除作業にともなう健康被害の軽減であり、品質への影響についても農協職員は否定的

（9）清水（1994）p.164を参照。

第5章　規模階層二極化のもとでの産地技術マネジメント

に評価していた。しかし、導入が進展するにしたがって防除効果が高く品質においても有利な面があること、副次的効果として園地整備が促されることなど、当初は想定していなかった技術的効果が注目されるようになった。これらのことから、SSの導入プロセスは創発性が高いものであったとみることができる。

2）共販体制の整合性

　三ヶ日地区では大ロット・計画的な出荷と品種の統一などによる安定した品質を追求することを産地戦略としており、これによって量販店からの評価を高めることに主眼を置いている。

　そのために産地内部でとられている体制は、恒常的兼業農家の割合がミカン産地としては高いため、出荷組合の統制によってこれを共販体制に統合してゆくものとなっている。週末の農作業や主婦に依存する兼業農家では、ミカンの栽培管理自体のなかに高糖度栽培などの高品質化対応を取り入れることができず、選果基準の徹底を品質対応の中心とせざるを得ない。

　そのため、産地としての技術対応は統制色の強いものになり、その延長線上に旧品種の淘汰を全農家に強いる措置がとられたのである。三ヶ日町では、兼業農家層が対応しにくい統制が設けられており、その意味では農家選別的な共販政策がとられているといえる。

　そして、そのような共販政策を支える仕組みについては共同利用施設説的な特徴が多くみられる。具体的には、農家自身の選択により統制を設けているという意識の徹底、統制に関わる実務の主要な部分が農家自身により担われていること、構成員の加入脱退に関する権限が農家に近い支部という単位に留保されているといったことである。

　このように、三ヶ日町の共販体制は、農家選別的な統制と共同利用施設説的な組織運営の組み合わせを特徴としている。ただし、この排他性は篤農的なものとは異なっている。篤農的閉鎖性といった場合には、職人的な技能に依存する差別化のあり方を重視し、そのために構成員を選別するような組織

173

化がおこなわれることが想定される。

　三ヶ日町において実施されている統制はこのような性質のものではなく、選果基準や選果場への搬入計画などの規則遵守に重点を置くものである。技術面では品種更新の強制はあったが、これも兼業農家では作りこなすのが困難な品種に特化し差別化の程度を高めるのではなく、市場での評価が低い在来品種を一掃することが目的であった。

　統制の実施を可能としている要因の１つに、ミカン生産と共販組織が地域の社会的な規範にまで強い影響を及ぼしていることがあると考えられる。例えば、恒常的兼業農家であるK農家は、ミカンの収穫時期に仕事を休むことに対して、職場には寛容な雰囲気があるとしていた。また、事例農家Fの地域では、地域の神社での祭りにおいて、自治会長だけでなく出荷組合の支部長も挨拶をしている。ここからは、ミカンとその共販組織の影響が産業としての枠を超えて地域の生活面にまで浸透していることが伺える。

　以上の認識をもとに、三ヶ日町の共販体制の内部整合性と外部適合性を整理したものが**図5-7**である。三ヶ日町の共販体制は、外部適合性の観点からみると、高級化による品質差別化を追求する戦略ではなく、不良品の混入が抑制され計画出荷が可能な大ロットにより市場対応を図る戦略をとっているものとみることができる。

　その戦略を支える産地内部の取り組みが、SS導入による機械化と改植・品種更新の併進と、出荷組合の統制である。機械化・改植については、専業農家が自発的に取り組んだものであり、共販組織や農協がおこなった産地技術マネジメントは、有用性の検証にとどまるものであった[10]。

　出荷組合の統制は、技術面の対応では品種更新の義務づけがあるが、選果の厳格化や選果場利用の計画化など技術対応にとどまらない広い範囲に及ぶものである。この統制を末端で担うのが支部であり、それぞれの支部がある程度の自律性をもって統制の実務を担っていた。

---

(10)その他に、SS導入のために補助事業の利用を農協が支援するなどの措置はあった。

第5章　規模階層二極化のもとでの産地技術マネジメント

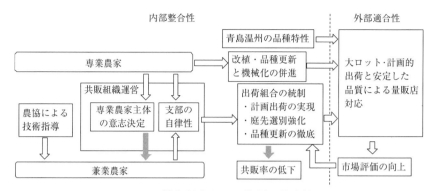

図5-7　技術対応と共販体制の整合性

資料：筆者作成。
注：白抜きの矢印は、望ましい影響、グレーの矢印は望ましくない影響を与えていること、破線の矢印・ボックスは、技術的対応によって期待される成果を示す。

　SSの普及と青島温州という、ミカン産地としての三ヶ日町を特徴づける技術も、この戦略と整合的である。SSについては、省力化を図りつつ生産拡大を可能にする技術であることから、上記のような産地戦略に寄与するものであることは明らかであろう。青島温州については、貯蔵特性や糖度は高いが、じょうのう膜がやや厚く硬いなど、高級化を徹底的に追求する産地戦略との親和性は高くない。それよりは貯蔵により販売時期での差別化を図りやすい品種といえるが、日持ちのよいことは大ロット戦略の主要なターゲットとなる量販店にアピールできる特性である。

　このように、三ヶ日町農協では専業農家と兼業農家の併存という状況に対して統制により両者を統合する体制がとられており、それは量販店の影響下にある卸売市場という外部環境に対して適合的である。それが高い販売単価などの成果に結びついていることが、厳しい統制が実効力を維持する背景ともなっている。

　しかし問題は、厳しい統制が農家の脱落をともないつつ実施されている点にある。旧品種の取扱停止などのタイミングで脱落が増加する傾向はみられなかったし、統制の実務も支部組織により地域の事情を考慮した形で担われ

175

ている点は確認できたが、農協組合員数の5割程度という共販率は、高い販売単価を誇る大規模産地としては決して高い水準とはいえないだろう。

3）意志決定に対する農家の参加について

前章までの事例と比較すると、三ヶ日地区の産地技術マネジメントでは農家の直接参加は少なく、ボトムアップ的な要素は共販組織を通じた意志決定への参画が中心となっている。このことに対する農家の意識は高く、共販組織は農家が主体的に運営しているものだという認識が広くみられる。

しかし、意志決定の主体が農家にあるという原則は、一般的な共販組織に共通のものであり、それがどの程度の実質を有するものであるのかは、地域によって差があるものと考えられる。

静岡県柑橘農業協同組合連合会（静柑連）で長年ミカンの販売に携わってきた職員[11]の見解は、農協が直接統制をおこなうと農家の反発が懸念されることから、農家が自ら統制を決定しているという形式を整えるために共販組織の存在を強調しているというものであった。

確かに、統制や果実規格、販売方針等について共販組織が決定をおこなうとき、その原案の多くが職員によって作成されていれば、共販組織役員はそれを追認しているのみと評価することもできるかもしれない。

また、どれだけ幅広い層の農家が決定に参加できているのかという問題もあるが、これは兼業化が明瞭な地域性をもって進行している三ヶ日地区の特性によりある程度緩和されている。専業的な地域であれば役員に選ばれないような農家が、小規模・兼業農家では輪番的に支部選出役員として選ばれるからである。事例農家では、H、J、K、L、M農家が該当する。

ただし、ヒアリング調査では、これらの農家が出荷組合役員会において、小規模・兼業農家の利害を代表して統制を緩和するよう主張することはないようであった。それどころか、M農家のように、持ち回りで支部代表になる

---

(11)2001年にヒアリング調査を実施。調査時には、静柑連と経済連の統合により静岡県経済連の職員となっていた。

176

第5章　規模階層二極化のもとでの産地技術マネジメント

まで出荷体系がどのようになっているか知らなかったという回答もみられた（表5-14）。それでも、兼業農家も含めて出荷組合の運営に参加できていることを実感できる機会はいくつか存在している。

その1つが、末端での統制の実行である。兼業地域の支部においては、本来であれば個人に課される統制違反の罰則金を支部全体で負担して支払う場合がある。これは少量のミカンしか出荷しておらず、統制違反の理由も計量ミスなど悪質ではないにもかかわらず、日常的に顔を合わせる近隣住民から罰則金を徴収するという業務を支部代表に負わせるのは負担が重すぎるという理由からである。

このような措置は出荷組合の統制を弱め、同じ行動をとっても所属する支部によって異なる対応がとられるという不公平さを生じさせる。しかし、裁量を持ちつつ統制の実施を担うことにより、農家は出荷組合の活動の重要な部分を自ら実行しているという実感を得ることが期待できる。

より重要な支部の権限は、新規・再加入の承認手続である。農協以外にミカンを販売する農家が農協共販に参加するためには、支部の承認を得て出荷組合に加入する必要があることは先述のとおりである。新規加入を承認することは、序章で述べたように共同利用施設説の立場からみると、極めて重要な権限である。

農家から独立した経営体である農協が、農家の経営に必要な流通サービスを提供するという考え方では、農家からサービスの提供を希望する申し出があった場合、それに応じるかどうかを決めるのは基本的には農協が決定する事項である。公正取引委員会の示すガイドライン等も、この考え方を採用したものとみることができる。

これに対して、共同利用施設説では農協の販売事業は農家の経営から完全に独立したものではなく、経営の一部を共同化したものと考える。したがって、農家は自らの経営を誰と共同化し、誰と共同化しないのかを直接的に決定する権限を有していると考えることが出来る。この場合には、自らの農業経営に不利益をもたらすことを理由に、望まない相手と共同することに反対

177

することができる[12]。

　このように、共販組織として重大な関心事項であり、共同利用施設説の観点からも重要な意味を持つ新規加入承認に関しては、小規模・兼業農家を構成員とする支部においても、その支部内で協議して決定する権限が与えられている。そこでは前述のように、選果場の利用料収入確保という農協の希望と反する意志決定がなされる場合もある。

　支部に統制の実務と責任を負わせていることを考慮すれば、支部がこのような権限を持つのは妥当であるように思われるが、同時に小規模・兼業農家が組織の中で重要な意志決定に参加しているという実感を得る機会ともなるだろう。

　以上の要素から、小規模・兼業農家にとってもボトムアップ型の組織運営は名目的形式的なものにとどまらず、自らが意志決定に参加しているという意識が醸成されることにより、組織に対するロイヤリティが高まっていると考えられる。こうした組織運営の共同利用施設説的な性格は、規模階層を問わず統制が十分に浸透している大きな要因と考えられる。

7．小括

　一般的な共販組織において、規格などに関わる申し合わせは、支部における検討を積み上げて決めるというよりは、実際に販売にたずさわる農協職員の意見や原案を踏まえつつ、役員会で決定されるのが普通であろう。したがって、こうした申し合わせは、共販組織においてボトムアップ的な意志決定が難しい部分であるが、三ヶ日地区の場合はその内容が厳しく、形骸化することなく徹底されている。これに加えて、日常的な技術指導も農協の有線放送の役割が大きいことを考えると、三ヶ日地区の産地技術マネジメントはト

---

(12)ただし、共販組織における共同は1対1でおこなわれるものではないから、共販組織参加者同士で賛否が一致しないことは当然起こりうるし、人間関係における感情的な問題を利用に反対することまでは許容されないだろう。

第5章　規模階層二極化のもとでの産地技術マネジメント

ップダウン的な要素をかなり有しているといえる。しかし、技術対応以外の取り組みも視野に入れれば、統制実務や新規加入の審査など、支部を単位とするボトムアップ的な意志決定や直接参加もおこなわれていた。

トップダウンとボトムアップの両側面ともに、一般的な産地よりも強いものがみられ、それが組織運営のなかに併存しているのは、ミカン産地としては高い兼業農家比率に適応を図ってきたことによるものであろう。そうしたなかで、兼業農家がほとんどを占める支部においても、共同利用施設説的な組織運営が維持されていることは特筆に値する。

厳しい統制は、「篤農的」な閉鎖性とは異なる性格のものであることを指摘したが、それでも厳しい統制をともなう共販体制が農協の理念に照らして望ましいものであるかは、論者によって見解の分かれるところであろう。

ただし、こうした農家選別的な共販体制は、通説的には農家の階層分解を促進するものと理解されているが、三ヶ日地区では必ずしもそうとはいえない。

農家のセンサスによれば、1990年から2000年の期間の総農家数の減少率は、第3章の真穴産地で10.7％、第4章の熊本市農協柑橘部会で13.7％[13]に対して、三ヶ日地区では8.0％である。共販率が低く有利販売の成果を直接享受できない農家も多いなかで、農協の有線放送による技術指導が兼業農家のミカン生産を支えているものと考えられる。共販からの脱落と、ミカン生産自体からの脱落が連動していないのが、三ヶ日地区の特徴である。

---

(13)熊本市農協管内で柑橘専作的な集落について集計した値。

終章

総合的考察

1. 各事例の特徴と産地技術マネジメント

　それぞれの事例の特徴は章ごとに明らかにしてきたが、ここでは3事例を比較しながら分析結果を再整理しておきたい。

　3つの事例はいずれもミカン産地であったが、それぞれ異なる特徴を有していた。そのなかで、各産地の特徴を最も端的に表しており、共販体制や産地技術マネジメントのあり方にも大きく影響していると考えられるのが、生産者の規模階層構成である。

　この点について、図終-1により比較する。真穴は中規模層に集中した階層構成であり、面積規模拡大の動きが限られている一方で自給的農家数も少

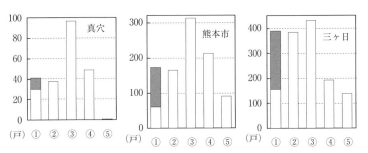

図終-1　事例産地における規模階層の状況（2000年）

資料：農業センサス集落カードより作成。
注：1）①：経営面積0.5ha以下、②：0.5～1.0ha、③：1.0～2.0ha、④：2.0～3.0ha、⑤3.0ha以上。
　　2）①の上部の塗色部分は自給的農家数である。

表終-1　農家数の推移と専兼の状況（販売農家）

年次	真穴				熊本市				三ヶ日			
	農家数	専業農家数	専業農家率	農家数減少	農家数	専業農家数	専業農家率	農家数減少	農家数	専業農家数	専業農家率	農家数減少
1990	253	154	60.9	100	992	462	46.6	100	1,444	323	22.4	100
1995	233	136	58.4	92	915	385	42.1	92	1,408	282	20	98
2000	226	125	55.3	89	856	340	39.7	86	1,334	294	22	92

資料：農業センサスより作成。
注：1995年以前の夢未来の農家数は、農協合併による統合前の3産地の合計である。農家数減少
　　の欄は、90年の農家数を100とする指標。

数であることが特徴である。熊本市農協柑橘部会では、中規模層は突出しているが、自給的農家と大規模農家も一定数存在している。三ヶ日地区は一定数の大規模層の形成がみられるが、数の上では小規模農家が非常に多く存在している。

　また、専兼の状況を**表終-1**からみると、真穴がもっとも専業農家率が高く、熊本市がそれに続き、三ヶ日地区はミカン産地としては低い水準にある。90年を基準とした農家数の減少が少ないのは三ヶ日地区であり、多いのは熊本市である。

　その他の特徴を**表終-2**によりみると、産地としての規模は、真穴がやや小さく、熊本市と三ヶ日地区は同程度の規模であるが、熊本市は農協合併により3つの共販組織の統合したものである。販売価格は三ヶ日地区がもっとも高く、真穴がややそれを下回り、熊本市が最も低くなっている。

　以上の状況は産地戦略を規定しており、それが産地技術マネジメントのあり方にも影響している。

　真穴は伝統的銘柄産地として大規模化を追求することなく稠密な栽培管理を維持し、それを高価格に結びつける戦略であり、それを支えているのが専業的な中規模層の生産者群である。そのような生産の担い手が、空間的近接性を基盤とする支部組織のなかで再生産されている。

　熊本市は、3事例のなかでは最も価格が低いが、戦前からの歴史を有する産地であり、市場評価の面において愛媛等の優等産地へのキャッチアップを

終章　総合的考察

表終-2　事例産地の特徴まとめ

	真穴	熊本市	三ヶ日
生産者数	214戸	486戸	957戸
産地規模	約1万t	約3万t	約3万t
共販率	9割以上	5〜9割（支部による）	6割程度
東京都中央卸売市場での販売単価（2006年）	340円/kg	270円/kg	350円/kg
階層分解の状況	中規模層への偏在	ある程度の両極分解	機械化・大規模化の一方で小規模農家が残存
技術対応における地域の役割	講習会による生産力の維持・継承	講習会による技術革新の伝播普及	統制による地域的生産力への再統合
新技術の導入促進のあり方	農協と革新的生産者の個別対応	生産プロジェクトによる品質による価格差大	統制による強制と個別対応の併存
分解促進的な要素	なし	高度な技術を要する品種・商品の導入　品種による価格差大	共販組織による統制
分解抑止的な要素	講習会などの地域活動、共同計算体系	講習会などの地域活動	営農指導など農協機能に依存

資料：販売単価は東京青果提供資料による。それ以外は第2〜4章の分析より筆者が作成。

目標とし、そのために新品種の導入を積極的に進める戦略をとっている。新品種の積極的な導入それ自体はミカン産地として一般的な対応であるが、革新的生産者の新技術導入を個別的な取り組みに止めることなく、組織的にそれを支援し産地全体に波及させてゆく体制を構築したことが特徴的である。

　三ヶ日地区は、統制による優良品種導入の促進と大規模計画的出荷体制の確立を産地戦略としている。統制は、産地内に多数存在する小規模兼業農家を産地体制に統合する役割を果たす反面で、統制に対応できない農家が脱落することにより共販率の低下という副作用をもたらす。しかし、それが農家戸数の減少に結びついていない点がこの事例の特異な点であり、それを支えているのが農協の有線放送による技術指導である。

　各事例において、産地技術マネジメントが高い「内部整合性」を有することを指摘してきたが、それは各産地における産地戦略の策定と技術対応が、担い手の賦存状況や市場からの評価に適応しつつおこなわれてきたことによると考えられる。このように、産地技術マネジメントは産地の状況に規定される側面があるが、その逆の側面も考えられる。

　なかでも重要なのは、産地技術マネジメントが、生産者の規模や専兼の分

183

化、さらには離農を促進するのか抑止するのかという点である。**表終-2**では、これを「分解促進的」と「分解抑止的」と表記しているが、どちらの要素を強く有するのかは事例によって異なっている。

生産構造と、産地技術マネジメントの規定関係について、因果関係が比較的明確なのは三ヶ日地区であり、ここでは担い手の賦存状況が共販体制を明確に規定している。歴史的にも、戦後に共販組織が設立された時点で兼業化が進展しており[1]、これを受けて統制色の強い産地技術マネジメントが形成されてきた。

真穴では、分解抑止的な産地技術マネジメントが中規模層の形成を促してきた可能性が指摘できる。伝統的銘柄産地としての高い市場評価を受けているのは、ミカン生産のための自然条件に恵まれ、戦前から銘柄産地としての地位を確立してきたことが大きいとしても、そうした条件を活かしながら分解抑止的な共販体制を構築してきたことが、現在の担い手の状況の形成に大きく寄与してきたと思われる。兼業機会の少なさなどの地域条件も影響しているかもしれないが、第1章でふれた太田原の中農層形成運動としての主産地形成論からみれば、真穴は顕著な成功例といえるだろう。

三ヶ日地区と真穴では、産地技術マネジメントが生産者の規模階層分化に与える影響について、少なくとも共販組織役員や農協職員は明確な目的意識を有しており、それにもとづいて産地の運営がなされていた。

これに対して、熊本市のリーダー層の意識は、産地内の担い手の賦存状況よりも市場評価で先行する他産地への対抗に向けられてきたが、それを実現する手段として栽培難度の高い品種が導入されたことは、分解促進的な要素だといえる。ただし、それは三ヶ日地区の統制ほどの生産者選別的な作用を産地全体にもたらすものではない。また、本書で分析対象とした期間は農協合併後に新しい共販体制が確立されてきた時期であり、それが生産者規模階層に及ぼす影響を論じるにはやや時期尚早であろう。

（1）**表終-1**に表示してある以前の時期においても、三ヶ日地区の専業農家率は10〜20％台で推移してきた。

終章　総合的考察

　以上のような、産地が直面する生産構造や市場構造と、共販組織のあり方との関係それ自体は、新たな論点ではなく既往研究においても指摘されてきたことである。そうした議論では、生産力構造や経済的要因と、共販組織のあり方とのあいだの規定性が注目される一方で、主体的要因が軽視されてきたように思われる。

　そのような議論の仕方では、経済的要因が与えられればそれに応じた組織が自動的に形成され、生産者がどのような組織化をおこなうのか自ら選択し決定する余地が乏しいかのような印象を与えてしまう。そうなると、序章で述べたような「自ら理念を選び取り、考え出してゆく」という意味でのボトムアップを共販組織において実現する方策を検討することは難しくなる。

　この点について本書の分析から指摘できるのは、次のような点である。

　まず、産地技術マネジメントがどのような方向性をとるにしても、それをどれだけ自覚的に、明確な目的意識を持って推進するのかが問われるということである。

　真穴のように生産者を減らさないような産地運営は、弱い立場にある者の相互扶助組織である協同組合が果たすべき役割と一般に考えられているし、三ヶ日地区のように兼業農家への配慮よりも市場対応のための統制を優先したいという願望は、多くの産地の指導者層や専業農家層から聞かれるものである。

　すなわち、両者の方向性は両極端ではあるが、決して特異なものではなく、青果物産地に関わる者であれば誰でも考えたことがある産地運営のあり方である。にもかかわらず、真穴や三ヶ日地区ほど、それぞれの方向性を突き詰めて実現している産地は稀であろう。

　その差がどこから生じるかについて、本書では十分に明らかにできておらず、ミカン産地としての自然条件や社会的条件に恵まれたことにより、そのような理念を追求する余力があったとも考えられる。しかし、これまで指摘してきたように、真穴と三ヶ日地区では強い目的意識のもとで産地技術マネジメントの方向性が定められていた。そうした主体的要因が、これらの産地

185

の現状をもたらした重要な要素であると考えるのが自然であろう。

　もう1つは、構造的な方向付けがかなり強い状況であったとしても、創意を発揮する余地はかなり残されているということである。産地間競争が激しく新技術の導入が盛んな品目であっても、熊本市の「生産プロジェクト」のような組織を設ける産地は少ないし、三ヶ日地区での、統制による共販率の低下は許容するが農家戸数は減らさないという方向性も極めてユニークなものといえるだろう。

2．ボトムアップ型産地技術マネジメントと共同利用施設説

　事例分析において見出された産地技術マネジメントに関するボトムアップ的な要素として、次の3つがあげられる。

　1つには、産地技術マネジメントを担う共販組織自体が、共同利用施設説的に運営されていた点である。3事例ともこれに該当するが、特に顕著であったのは三ヶ日地区である。そこでは、共販組織が生産者の自主的販売組織であるという認識が広く浸透していた。

　2つには、共販組織が共同利用施設説的な性格を維持する上で、支部を単位とする活動が重要な役割を果たしていたことである。真穴地区と熊本市農協の事例において、支部単位での活動は、講習会活動における生産者の主体性確保に強く寄与していた。三ヶ日地区において支部は、新規加入の承認権が与えられるなど、意志決定の重要な単位として機能していた。産地技術マネジメントにおいて、序章で重要性を強調した「組合員の事業への直接参加」が実現しやすいのは、この支部活動ということになろう。

　3つには、新技術の導入に創発性がみられた点である。これも3つの事例にみられたが、熊本市農協では革新的生産者が創発的に新技術を導入したあと、それを共販組織として体系的に産地の状況に適応させ普及してゆく体制がとられていた。

　ただし、ボトムアップという観点からみて必ずしも高い評価を与えること

ができない点もみられた。特に重要なのは、ボトムアップに参加できる農家層の広さに関わる問題である。例えば真穴地区では、技術導入を促進する体制が弱いことに不満をもつ農家がみられたし、三ヶ日地区では兼業農家の意向は共販体制にあまり反映されてこなかった。

　担い手の規模階層構成に対してどのようなスタンスで臨むかという点について、3つの事例は大きく異なっていた。同質性を維持することにかなりの程度成功している真穴地区、高品質生産へのインセンティブを強化することで共同計算体系に専業農家の利害を反映させつつ、地域での講習会活動には全ての農家が参加できる熊本市農協、「統制」という形で小規模・兼業農家も対応すべきラインを明示しつつ、それによって脱落した農家は農協が手厚い技術指導により支える三ヶ日地区、といったようにである。

　このような相違がみられたにもかかわらず、どの共販組織にも共同利用施設説的な性格がみられた。ここからは、共同利用施設的な運営が、選別的なメンバーシップ政策と、地域単位の生産者を丸抱えするようなメンバーシップ政策のどちらとでも組み合わせることが可能であり、いずれの方向性をとっても、内部整合性の高い産地運営を実現しうることが示唆される。

　共同利用施設説にもとづく組織運営は、基本的にはメンバーシップ制と共益組織としての性格を有する傾向を持つと考えられ、それは排他的な組織運営に結びつきうるものである。しかし、真穴地区の事例からは、そうなることが必然とはいえないことが示唆される。排他性が生じる要因は、共同利用施設説的な組織運営と分かちがたく結びついているわけではない。共販組織のメンバーシップ政策を排他的とするか開放的とするか、公益性と共益性のどちらを重視するかということに対して、共同利用施設説的な組織運営は強い規定性を持つものではなく、むしろ組合員がそのどちらを選ぶかという意向をストレートに事業に反映できる組織運営方法であると考えられる。

　また、「排他的」といっても注意する必要があるのは、それが篤農的・職人的な観点によっているわけではなく、最低限の品質・出荷基準を満たせるかという水準にとどまっていることである。特別な栽培方法による差別化を

187

前提として組織される出荷組織では、特定の栽培技術に習熟しているかどうかを基準として極めて閉鎖的なメンバーシップ政策がとられることもあり得るが、幅広い農家を組合員とする総合農協のもとにある共販組織では、小規模・兼業農家に対しては、最低限の品質や出荷基準を満たしていれば、それ以上の対応を問うことは難しいだろう。

この点については、どの事例においても小規模・兼業農家のレギュラー品の品質や出荷基準の遵守状況は概して良好であり、経営規模によって差が顕著なのは、事前登録や特別な管理を必要とする差別化の程度の高い商品への取り組みであった。

3．イノベーションの促進と共販体制の再編への展望

産地におけるイノベーションを促進するという観点からみた場合、産地技術マネジメントがボトムアップ型であることのメリットには、生産者の主体性に依拠することで技術普及が促進されること、創発的な技術導入により導入される技術に多様性がもたらされることの2つが考えられる。3事例を踏まえてこれらがどのように評価されるのか検討してみたい。

技術普及については、空間的、文化的な近接性と少人数性を確保できる支部・班などが基本的な単位となっているが、すでに述べたようにこうした活動は生産者の産地技術マネジメントへの直接参加の機会となっている。また、それは新技術だけでなく既存の技術を次世代に継承してゆくための有効な場ともなっていた。そこでは参加率の向上が期待できる反面、難度の高い技術を普及することには一定の限界があった。しかしこの問題は、熊本市農協柑橘部会でみられたような技術対応組織を設けることにより、ある程度解決可能であると考えられる。

創発的な技術導入による技術の多様性については、農協職員が想定していなかった技術が導入されたケースが見られたので、これについても一定の評価が出来る。しかし、卸売市場出荷を前提としてそれに最適化を図るための

技術に偏っていたという点で、限定的な評価とせざるを得ない面があったと考える。

基本法農政下においてミカン生産が拡大した時期において、産地間競争はシェアの高さを巡る競争であったとされるが、その主戦場は卸売市場であった。現在の産地間競争では糖度をはじめとする品質が重視されるようになってきているが、専作的な地域に光センサー選果機など高価な設備を備えた選果場を建設し、まとまった量の果実を効率的に出荷するという形態は多くのミカン産地に共通している。

そうしたなかで、ミカン産地の販売戦略において卸売市場は依然として重要な位置を占め続けている。本書で取りあげた産地は、市場環境をはじめとする外部環境にそれぞれ異なる方法で適合を図っていたが、卸売市場への出荷を前提としている点は共通していた。

外部適合性においては課題を残す産地もあったが、いずれの事例産地でも内的一貫性は高く、それぞれが目指す外部環境への適合方法に応じた組織運営がみられた。その理由は、産地内部の条件から制約を受けながらも、共販組織が自らの考える市場対応の方向性や産地戦略に沿って産地技術マネジメントをおこなってきたためであると考えられる。

三ヶ日地区のようなトップダウン型の統制は、共販組織が強い目的意識をもたなければ実施し得ないし、生産者が独自に新技術を導入することから始まる創発的なプロセスにおいても、共販組織としてどの技術に注目し産地内への普及を図るかという判断には、産地戦略が反映されている。

高い内的一貫性を有する技術対応がみられる理由がこうしたものだとすれば、それは技術対応の方向性が特定の産地戦略に最適化され、因果累積的、自己強化的に追求されることを意味している。このような傾向は、技術対応の内的一貫性を高めることで共販体制を強固にする反面、販売環境の変化などにより技術対応の方向性自体を見直す必要が生じた場合、それへの対応の障害となる可能性もある。

本書の事例においては、真穴地区の共販体制において新技術の導入が停滞

していたことがこの問題に関係している可能性がある。1つの戦略への特化が先鋭化してゆく傾向は、有機農業[2]や6次産業化[3]に取り組む生産者に共販組織が不寛容である傾向にも関係しているように思われる。

　本書では、生産者が個別分散的に導入した多くの技術の中から、共販組織が有望なものを取りあげて全体に普及してゆくようなプロセスを「創発的」であるとしたが、経営戦略論において「創発的」という場合には、もう少し限定的な意味でこの語を使用する論者もみられる。それは、既存の戦略を実行すること自体がその戦略自体を変化させることだという見解である[4]。

　この意味での創発性が発揮されれば、戦略的硬直性を打破する原動力となることが期待される。本書の事例に則して考えた場合には、卸売市場以外に販売先を多様化させようとする場合にこのような創発性が求められるが、事例ではそのようなケースは確認できなかった。むしろ、卸売市場をターゲットとする戦略を堅持してきたからこそ、共販体制を大きく組み替えることなく既存の戦略への最適化を追求し続け、高い内的一貫性を形成してきたものと考えられる。

　青果物流通における卸売市場流通の地位が低下してゆくことが予想され、さらに卸売市場流通自体も多様化するなかで、このような戦略的硬直性をいかに脱するかが問われる状況も今後は出てくるかもしれない。

　その際に、戦略自体を変化させるような創発性を産地技術マネジメントに活用するためには、イノベーションの源泉としての産地内の生産者の多様性を確保することが重要と考えられる。共同計算の枠組みには乗らないような差別化を指向する農家や、加工やそれと連動した新たな販路開拓に取り組む6次産業化を実践する生産者の離脱は、単にロットの縮小のみではなく、創発的なイノベーション・プロセスに貢献する人材の喪失という問題として捉えるべきであろう。

（2）有機農業と農協の関係は、宇佐美（2000）で論じられている。
（3）6次産業に取り組む経営と産地の関係は、小田ほか（2015）で論じられている。
（4）井原（2015）を参照。

終章　総合的考察

4．総合農協におけるボトムアップの実現にむけた展望

　序章で述べたように、本書でボトムアップを重視した背景には、わが国の総合農協の危機的な現状に対する認識がある。そこで、本書のメインテーマをこえる問題とはなるが、総合農協の将来像について、これまでの検討結果にもとづく展望を述べておきたい。そのような展望として、ここでは農協組織を**図終-2**のように2層の構造に再編してゆく方向性を示す。

　農協組織の再編方向として、2つあるいはそれ以上の階層を構想することは、広く見られる考え方である。比較的古いものに「ネットワーク型農協」があり、これは「総合農協をコミュニティ農協と事業農協に分け、それを本部を通してネットワークで結ぶ」というものである[5]。また近年多くみられる支店活動の重点化を目指す論調も、本店と支店の2層構造を確立することを提起するものとみることができる。

　また、以下で示そうとしている展望に比較的近いものとして、石田正昭氏の議論がある。これについて石田（2007）では、「ニーズや願いの共通性に着目した小規模協同活動」に対して農協が法人化の支援をおこない、「総合農協のなかに分権の仕組みをつくり出す」ことを展望している[6]。

　これらの議論において相違が見られるのは、2つの層（以下レイヤーという）がそれぞれどのような単位で形成され、どのような機能を有するのかという点である。この点について本書では、**図終-2**に示したように、共同利用施設説的に運営される部分を「共同施設レイヤー」とし、共同利用施設説的でない部分を「属地組織レイヤー」としている。

　属地組織レイヤーは、基本的には現在の単位農協の姿をそのまま引き継いで、序章で述べた3つの求心力のうち社会的・経済的インフラ提供に関わる事業をおこなう。代表的なものが信用事業であるが、それらは、組合員や地

（5）両角（2006）p.45を参照。
（6）石田（2007）p.25を参照。

191

```
┌─────────────────────────────────────────────┐
│ 属地組織レイヤー                              │
│ ・求心力：社会的経済的インフラの提供が中心    │
│ ・属地主義、網羅主義などの既存の組織秩序を維持 │
│ ・集落組織：基礎的な運営単位                  │
└─────────────────────────────────────────────┘
```

インキュベーター機能　　　　　　手数料や利用料による
人材面・財政面での支援　　　　　　　費用負担
施設を提供

```
┌─────────────────────────────────────────────┐
│ 共同利用施設レイヤー                          │
│ ・求心力：私経済擁護、特定理念追求            │
│ 　　　　　またはそれらの複合型のいずれか      │
│ ・多様な地域レベルで展開                      │
│ ・集落組織：場合によって直接参加の場となる    │
└─────────────────────────────────────────────┘
```

図終-2　共同利用施設説を取り入れた2層構造

資料：筆者作成。

域住民が容易にアクセスできるよう、現在の属地主義、網羅主義的な組織秩序をもっておこなうことに合理性がある。

　第1章で述べたように、信用事業は制度的環境からの圧力が強いために共同利用施設説的な運営が難しく、また公共性を有する事業である。このレイヤーで属地主義的な性格を維持するのは、このような公共性、あるいは公益性を有する事業にはメンバーシップ制が適していると考えるためである。

　また、理事の選出、総会・総代会の運営、職員の雇用など、農協組織を維持してゆくための活動もこのレイヤーでおこなわれる。これらも、属地的・網羅的な組織秩序を維持した方が円滑に遂行されるであろうし、共同利用施設説の考え方を貫徹することが難しい領域でもある。

　共同施設レイヤーは、名称どおり共同利用施設説的に運営される部分であり、基本的には任意組織や法人などの形で、農協本体とは独立した組織として運営される。本書で事例としたような共販組織がここに含まれる典型的な組織である。そうした組織は、1つの農協の管内に複数設立されることが想

定され、さらに複数の農協の管内にまたがるものがあってもよい。

　共同施設レイヤーでは、共益性の追求を動機とする活動が多くなると考えられるが、第1章で述べたように、構成員の関心が公益性そのものにある場合は、公益性を目的としてもよい。2つのレイヤーを分けるのは、あくまで共同利用施設説にもとづく運営をおこなうかどうかである。

　この2層構造において、実務を委任できる職員は属地組織レイヤーが提供することが想定されるが、共同施設レイヤーの方が株式会社や農事組合、協同組合やLLCとして法人化する場合には、そこで専属の職員を雇用することも考えられる。

　その逆に、職員への業務の委任が多くなってゆけば、共同施設レイヤーでは構成員の活動への直接参加が減少し、事業利用者の意志決定を専らおこなう組織となってゆく。直接参加が減少すれば、共同利用施設説的な性格を維持することの難易度は上昇するが、三ヶ日地区の事例でみたように、不可能なことではないと思われる。

　農事組合・農家組合等の集落組織については、**図終-2**に示したように、双方のレイヤーにおいて位置づけを与えられ得る。

　属地組織レイヤーでは、集落組織など既存の農協の運営基盤となっているものを、引き続き理事の選出単位等として活用していけばよい。

　共同施設レイヤーでは、活動への参加率が極めて高い場合には、農家組合などの地縁的組織そのものが支部の役割を果たすこともあり得るだろうが、そうでない場合には、集落組織と同一の地理的領域に独立した形で支部組織を設けるか、集落組織とはまったく別の区割りで支部組織を設けることになるだろう。

　ただし、共同施設レイヤーで活動する組織の地縁的結合への依存度は様々となる。地理的距離は、地域ブランドの形成、集荷施設等を利用する際の効率などの面で大きな意味を持ち続ける一方で、IT技術の活用や活動単位の支部組織への分割などにより、共同利用施設説的な性格を維持したまま活動領域や利用者数を広域化・大型化できる可能性もある。それとは逆に、空間

的近接性を最大限に活かした産地イノベーション・システムを構築するために、狭い地理的範囲にメンバーを限定する組織も考えられる。

本書ではミカン専作地域を事例としたことから、共販組織の支部は集落組織と半ば一体化していたが、共同施設レイヤーにおける支部組織の全てがそのような形である必要はない。

集落のような地理的領域に求められるのは、空間的近接性と少人数性を確保できる活動単位であって、それは双方のレイヤーに共通して必要とされるものである。したがって本書では、他の複数階層による組織構造への再編を展望する議論のように、広域的に事業をおこなうものを上層に、集落など狭い範囲で活動するものを下層に位置づける図式は採用していない。2つの階層を分ける基準は、共同利用施設説の考え方にもとづいて運営されているかどうかとしている。

このような想定の下では、共同利用施設レイヤーの活動領域が属地組織レイヤーの組織設立範囲を超えることもありうる。その場合には、属地組織レイヤーでは農協同士が担当する業務を調整することになるだろう。

共同施設レイヤーを担う組織は、活動領域のみでなく活動内容においても多様となる。本書で取りあげてきた農産物販売に関わるものだけでなく、生活や福祉に関わる活動や社会・文化活動をおこなうものがあってもよいし、購買事業や信用事業についても制度的圧力の弱い部分を農協からスピンアウトさせてもよいかもしれない。

さらに、共同施設レイヤーの活動において農業者以外の地域住民も参加してもらい、その活動を担う組織を法人化する場合には構成員としてもよいだろう。非農業者に組合員資格や議決権を与えて農協がおこなう地域づくりへの参加を図ることを主張する論者もみられるが[7]、法制度や実態を考えると農協本体への参画を短期的に実現してゆくことは難しいように思われる。しかし、共同施設レイヤーへの参加であればハードルは低いであろう。

---

(7)石田 (2007)、石田 (2018) など。

終章　総合的考察

　共同施設レイヤーにおいてこのような多様性を認めるのは、このレイヤー自体が制度的圧力から自由な分野で組合員の主体性を最大限に発揮することを期待して構想されるものだからである。系統農協の内部に、組合員の多様なニーズや価値観にあわせた柔軟な組織化を可能とする仕組みを設けなければ、序章で述べたような農協が抱える問題を解決し、ボトムアップを実現することはできないであろう。

　２つのレイヤー間の関係は、基本的には属地組織レイヤーが人材面と財政面での支援をおこない、それに対して共同利用施設レイヤーの側の組織が手数料や利用料を支払うものとなる。常勤職員の雇用や集出荷施設の建設を属地組織レイヤーがおこなうのは、現在でもごく一般的な対応である。

　共同利用施設レイヤーを充実させてゆくには、既存の農協の事業や部会組織を再編するのではなく、新たに形成されてくる任意出荷組織などを取り込んでゆくのが現実的な方策と考える。本書で強調してきたように、共同利用施設説的な事業運営の多くは歴史的に形成されてきたものである。そのため、はじめからそのような性格を持たない、あるいは途中でそのような性格を失った活動に、再び共同利用施設説の考え方を取り入れることは極めて難しいと思われる。

　これに対して農協外で生まれつつある農家の自主的な活動は、一般的にはメンバーの事業への直接参加をともなう共同利用施設説的な運営がおこなわれているものである。このような活動を内部に取り込むことで、系統農協においてボトムアップを実現するための糸口とすることを提起したい。

　そのために属地組織レイヤーの側は、組合員や地域住民がおこなう主体的な活動を支援し育成するインキュベーター機能を果たさなければならない。

　それらの機能は直接収益を生み出すものではないし、支援して育成した組織が農協離れをおこすリスクは存在する。しかし、活動初期には関心を示さず、事業が軌道に乗ったところで連携構築を申し出るという態度では、農協が助け合いの理念を体現する組織として評価されることはないであろう。

　このようにして農協が外部から共同利用施設説的な活動を取り込むことに

195

より、2つのレイヤーの連携についてノウハウが蓄積され、農協の組織文化にもボトムアップの考え方が根付いてゆくことが期待される。そうなれば、外部から取り込むだけでなく、既存の事業や部会組織等を共同利用施設説的に変革してゆくことも、ある程度は可能となるであろう。この段階では、属地組織レイヤーから共同利用施設レイヤーへの事業や組織の移管が進むと期待される。

本書では、産地イノベーション・システムが「ボトムアップ型」であり得るかについて検討をおこなってきた。しかし、例えばどのような技術を導入するのかについて、支部などで生産者の意向を集約し、それを積み上げて意志決定をしてゆくようなプロセスは、事例において観察されなかった。このような合意形成のあり方は、意志決定の速度の面からも、質の面からも、全面的に実現することは難しいであろう。

共同利用施設説にもとづいて考えるならば、共販組織に参加するということは、誰と事業を共同化するのかを選択するという意味を持つ。そこでは、共販組織に参加することそのものが、その共販組織の基本的な方針に同意するという重要な意思表示となる。

これを実質的なものとするには、同じ地域で同じ作物を生産していても、どの共販組織に参加するのかについて、複数の選択肢が必要である。望ましいものがない場合は新しい共販組織を立ち上げることに支援を得られるような環境が必要である。

また、それぞれの共販組織がもつ戦略やビジョンがわかりやすいものとなっている必要もある。本書の考える、「自ら理念を選び取り、考え出してゆく」というボトムアップを実現するためには、このような環境が必要である。

そのためにも、共同施設レイヤーでは地理的な境界線を明確にし重複のないように組織を設立する属地主義的な組織化にこだわる必要はない。それは、農協同士の競争を促進するためではない。組合員が自らの関心に沿って仲間を求めようとした場合に、既存の農協の管轄範囲の線引きがそれを制約するものとなることは望ましくないと考えるためである。

終章　総合的考察

　ここでは、共同利用施設レイヤーを拡大することを提起しているが、その領域を際限なく拡大することが望ましいとは限らない。兼業農家は共同利用施設説的な事業運営への参加が難しい場合もあるし、専業農家においても生産する品目が多くなれば、その全てで密度の高い事業への参画をするのは負担が大きいためである。

　共同利用施設レイヤーにおいて、販売事業に関わる事業を展開する組織では、求心力は私経済擁護が基本となるだろうが、利用者選別度や閉鎖性についてはどのようになるだろうか。

　三ヶ日町では選別的なメンバーシップを前提とした施策が広範な支持や理解を得ていたのに対し、真穴地区では脱落者を生じさせないことを意図した施策に不満をもつ生産者が見られた。また、現在の総合農協のもとでは実際に実行されることは稀であろうが、意識の高い生産者のみを出荷者とできれば産地がより発展するのではないかという考えは、多くの生産者や農協職員から聞かれる願望である。

　これらを踏まえれば、組合員の主体性に任せて共同利用施設レイヤーにおける組織化を進めた場合、選別的なメンバーシップを採用するものが多くなるのではないかと予想される。三ヶ日地区の事例を踏まえると、共販組織から脱落した生産者に対するセーフティーネットの役割を属地組織レイヤーが果たすことが期待される。このあたりが、共同利用施設説的な組織が場合によって有する「閉鎖性」と、協同組合の平等理念の折り合いをつける妥協点となるのではないだろうか。

　ただし、共同施設レイヤーにおいても、私経済擁護だけが追求されるとは限らない。その例として、筆者の勤務地である大潟村において、コメと青果物の双方を販売するグループが株式会社化したものをあげておく。この組織の代表は筆者に対して、「家族構成など様々な事情があるのは仕方がないことだから、それによって脱落する農家が出ることは避けたい。そのために、組織のルールは柔軟にしていきたい」と話してくれた。

　このグループの構成員は、水稲単作的な大潟村にあって野菜を主力とする

197

経営の確立という目標を共有しているほか、環境保全型の農業を指向する生産者が含まれているという特徴がある。それを考慮すると、代表が述べた非選別的な組織運営は、地縁的結合ではなく同志的結合に由来し、それを共有する仲間を失いたくないという動機によるものと推察される。

　共同利用施設レイヤーにおいては、このように求心力の面では私経済擁護と特定理念追求の複合型をとる組織も一定数形成されるであろう。その場合は、特定理念を共有することがメンバーシップの条件となるが、組織内部では同志的結合が作用してメンバーの脱落防止を指向する組織運営がなされるであろう。

　ここで共同施設レイヤーとした協同活動に近い考え方に、北川（2015）や小林（2016）などが論じている「小さな協同」がある。この議論では、小規模な協同活動の方が、「私的利害の共通から結集し、協同労働を通じて相互承認を図るといった協同の内実」（小林 2016、p.7）を備える可能性が大きいとされている。また、そのような協同が事業として発展してゆく過程で、「システム化・制度化・事業化」という変化が生じ、「協同労働は後退し、組合員は利用者化＝遠方化」するとも指摘されている（小林 2016、p.7）。

　これらの主張において、協同の内実を維持することを重視している点が、本書の共同施設説と共通している。協同の内実は「協同労働」であると考えられており、これは本書で「事業への直接参加」と呼んできたものに近い。

　ただし、協同労働による協同の内実の維持は、小さな協同論では、より厳格に考えられている。石田（2016）は、小さな協同について「顔見知りの地域の人たちが自発的に協同する」ものであり、「あまり大きくなると機能しない。基本的に小さくないといけない」と指摘している（p.41）。これに対し、本書の共同利用施設説は、農協の範囲を超えるような協同もあり得ると考えているし、日常業務を農協職員に委任して協同労働組織としての側面が部分的に後退することも、事業の効率性の側面から許容している。

　この相違は、小さな協同論の適用対象として主に想定されているのが、集落自治組織や福祉協同の分野であり、農業経営に直接関わる分野では農産物

終章　総合的考察

直売所や集落営農などを念頭においていることによると思われる。本書が対象としたような規模の大きな産地の場合、多かれ少なかれ「システム化・制度化・事業化」や協同労働の後退が生じるのは避けられないことである。

　小林（2016）は、小さな協同の出発点として「私的利害の共通から結集」することを想定している。この「私的利害」は、本書の第1章であげた求心力のうち「私経済擁護」を指しているものと考えられる。しかし、実際に小さな協同論で取りあげられている活動をみると、集落自治、福祉協同、直売所、集落営農といったように、程度の差はあるが経済的利益を志向する程度があまり強くない分野の取り組みが多い。その理由は、経済的利益を追求する場合には「システム化・制度化・事業化」による効率性を求めざるを得ない場合が多いことによるものであろう[8]。

　私経済擁護という動機は農家が協同活動を形成する契機として普遍性の高いものであり、小さな協同においても結集原理として大いに期待したいところである。しかし、それと同時に「協同労働」を重視する枠組みを堅持するなら、事業の「システム化・制度化・事業化」を拒否することになり、小さな協同は私経済擁護の手段としては限定的な役割しか果たせないという矛盾に直面することになる。

　本書の共同利用施設説において、「事業への直接参加」を共同利用施設説の本質あるいは不可欠な要件とはせずに、共同利用施設説の考え方が維持されているときにあらわれる表象として扱っているのは、この問題を回避するためである。これにより、協同労働（本書でいう「事業への直接参加」）としての実態が後退しても、協同の内実を維持する方策を模索することが可能になる。本書の事例分析においては、実際にそれが可能であることを一定程度実証できたと考える。

　ここで述べてきた展望を実現するためには、法制度や組合員・職員の意識、

（8）この理由について、田中（2017）は労働対象の相違と指摘している。「商品とその販売・購買システム」を労働対象とする場合には、「大きな協同」の方が適合的であると考えているようである。

199

農協の収益基盤の確保など多くの課題を乗り越えなければならない。しかし、属地組織レイヤーは農協の現状を概ね維持する内容であるし、共同利用施設レイヤーに相当するような組織はすでに数多く存在しているので、実現できる可能性は十分にあるのではないかと考える。

引用文献一覧

〔1〕相原和夫（1998）「農協共販の組織と機能の革新」堀田忠夫『国際競争下の農業・農村革新』第Ⅱ部第2章，農林統計協会.

〔2〕青柳斉（1986）『低成長下の農協経営構造』明文書房.

〔3〕青柳斉（1990）「協同組合の「共同利用施設」及び「人的結合」概念」『農林業問題研究』第26巻第1号，pp.45-52.

〔4〕阿川一美（1988）『果樹農業の発展と青果農協』果樹産業振興桐野基金.

〔5〕東俊之（2004）「制度派組織論の新展開─制度派組織論と組織変革の関係性を中心に」『京都マネジメント・レビュー』第6号，pp.81-97.

〔6〕安孫子誠男（2012）「イノベーション・システムと比較制度優位」『経済研究』第27巻第2号，pp.207-251.

〔7〕アルフレッド・D.チャンドラー Jr.；安部悦生ほか訳（1993）『スケールアンドスコープ─経営力発展の国際比較』有斐閣.

〔8〕石田正昭（2007）「組合員構成の多様化と農協の運営体制の再編方向（特集地域社会の変化と協同組合の組織問題　日本協同組合学会第26回大会シンポジウム）」『協同組合研究』第26巻第1号，pp.19-27.

〔9〕石田正昭（2016）「総括」『協同組合研究』第36巻第1号，pp.41-42.

〔10〕石田正昭（2017）『JAで「働く」ということ：組合員・地域とどう向き合っていくのか』家の光協会.

〔11〕石田正昭（2018）『JA自己改革から切り拓く新たな協同』家の光協会.

〔12〕稲本志良・津谷好人編（2011）『イノベーションと農業経営の発展』農林統計協会.

〔13〕井原久光（2015）「創発型戦略と学習型戦略」『経営センサー』第174号，pp.21-26.

〔14〕宇佐美繁（1975）「共販体制と農民諸階層」磯辺俊彦編著『ミカン危機の経済分析』第4章，現代書館.

〔15〕宇佐美繁（2000）「新基本法農政と農業協同組合」今野聰・野見山敏雄編著『これからの農協産直─その「一国二制度」的展開』第1部第1章，家の光協会.

〔16〕宇和青果農業協同組合（1996）『宇和青果農協八十年のあゆみ』宇和青果農業協同組合.

〔17〕愛媛県青果農業協同組合連合会（1968）『愛媛県果樹園芸史』愛媛県青果農業協同組合連合会.

〔18〕愛媛県青果農業協同組合連合会（1998）『愛媛県青果連50年史』愛媛県青果農業協同組合連合会.

〔19〕エベレット・ロジャーズ；三藤利雄訳（2007）『イノベーションの普及』翔泳社.

〔20〕太田原高昭（1976）「農民的複合経営の意義と展望」川村琢・湯沢誠編『現代農業と市場問題』第13章，北海道大学図書刊行会.

〔21〕太田原高昭（1978）『地域農業と農協』日本経済評論社.
〔22〕太田原高昭（1992）『系統再編と農協改革』農山漁村文化協会.
〔23〕太田原高昭（2016）『新明日の農協：歴史と現場から』農山漁村文化協会.
〔24〕大浜博（1993）『くだもの百年史果樹王国熊本』熊本県果実農業協同組合連合会.
〔25〕大呂興平（2011）「豪州の農業研究開発過程における主体間相互作用と研究資金配分機関の役割」『農業経済研究』第83巻第2号，pp.71-83.
〔26〕小田滋晃・坂本清彦・川﨑訓昭・長谷祐「わが国における果樹産地の変貌と産地再編」小田滋晃・坂本清彦・川﨑訓昭（2015）『進化する「農企業」：産地のみらいを創る』昭和堂.
〔27〕香月敏孝・高橋克也（1995）「温州ミカン高品質化生産の動向」『農業総合研究』第49巻第3号，pp.59-102.
〔28〕川久保篤志（2007）『戦後日本における柑橘産地の展開と再編』農林統計協会.
〔29〕川﨑訓昭（2016）「農業経営の発展とアントレプレナーシップ」『農業経営研究』第54巻第1号，pp.13-24.
〔30〕北川太一（2015）「大きな協同と小さな協同」石田正昭編著『JAの運営組織と組合員組織』全国共同出版，pp.161-173.
〔31〕木南章・森嶋輝也（2016）「農業におけるアントレプレナーシップと人材育成」『農業経営研究』第54巻第1号，pp.3-12.
〔32〕久保亮一（2005）「企業の戦略におけるアントレプレナーシップの要素」『京都マネジメント・レビュー』第8巻，pp.71-84.
〔33〕クリストファー・D・メレット，ノーマン・ワルツァー；村田武・磯田宏監訳（2003）『アメリカ新世代農協の挑戦』家の光協会.
〔34〕クリストファー・フリーマン；新田光重訳（1989）『技術政策と経済パフォーマンス：日本の教訓』晃洋書房.
〔35〕河野直践（2009）「座長解題（特集協同組合のメンバーシップをめぐる諸問題日本協同組合学会第27回春季研究大会シンポジウム）」『協同組合研究』第27巻第3号，pp.1-4.
〔36〕後藤晃（2016）『イノベーション』東洋経済新報社.
〔37〕小林元（2016）「地域での小さな協同に協同組合はどう接合していくのか」『協同組合研究』第36巻第1号，pp.4-9.
〔38〕近藤康男（1966）『新版・協同組合の理論』御茶の水書房.
〔39〕斎藤修（1986）『産地間競争とマーケティング論：野菜産地の行動と戦略』日本経済評論社.
〔40〕斎藤潔（2017）「農業における起業家精神とイノベーション」『農業経営研究』第55巻第1号，pp.3-11.
〔41〕斎藤仁（1989）『農業問題の展開と自治村落』日本経済評論社.
〔42〕坂上隆・長命洋佑・南石晃明（2016）「農業法人の経営発展と経営者育成」『農業経営研究』第54巻第1号，pp.25-37.

引用文献一覧

〔43〕佐藤了・納口るり子（2016）『産地再編が示唆するもの』農林統計協会.

〔44〕静岡県柑橘販売農業協同組合連合会（1959）『静岡県柑橘史』静岡県柑橘販売
農業協同組合連合会.

〔45〕清水理（1994）『雨のち晴れ』三ヶ日町農業協同組合.

〔46〕シュムペーター；塩野谷祐一・中山伊知郎・東畑精一訳（1977）『経済発展の
理論（上）』岩波書店.

〔47〕ジョン・P・コッター；梅津祐良訳（2002）『企業変革力』日経BP社.

〔48〕白戸伸一（2004）『近代流通組織化政策の史的展開』日本経済評論社.

〔49〕鈴村源太郎（2008）『現代農業経営者の経営者能力』農山漁村文化協会.

〔50〕高橋正郎（1973）『日本農業の組織論的研究』東京大学出版会.

〔51〕高橋正郎（1987）『地域農業の組織革新』農山漁村文化協会.

〔52〕高橋正郎（2001）「経営環境の変化と農業経営における企業者」稲本志良・八
木洋憲『農業経営者の時代』，農林統計協会.

〔53〕高橋正郎（2002）『農業の経営と地域マネジメント』農林統計協会.

〔54〕高橋正郎（2014）『日本農業における企業者活動』農林統計出版.

〔55〕武石彰・青島矢一・軽部大（2012）『イノベーションの理由：資源動員の創造
的正当化』有斐閣.

〔56〕武内哲夫・太田原高昭（1986）『明日の農協』農山漁村文化協会.

〔57〕田中秀樹（2017）『協同の再発見』家の光協会.

〔58〕棚谷智寿・納口るり子・河野恵伸・氏家清和（2015a）「JA機能活用型のキャ
ベツ産地形成と組織体制の確立」『農業経済研究』第87巻第3号，pp.255-260.

〔59〕棚谷智寿・納口るり子・河野恵伸（2015b）「トップシェア産地における農協
の産地戦略と組織体制」『農業経営研究』第53巻第3号，pp.41-46.

〔60〕坪山雄樹（2012）「脱連結の組織過程」『新潟大学経済論集』第92号，pp.273-
287.

〔61〕Di Maggio, P.J., &Powell, W.W.（1983）. The iron cagere visited：
Institutional isomorph is mandcollective rationalityin organizational fields.
American Sociological Review, 48, pp.147-160.

〔62〕徳田博美（2014）「大規模ミカン経営進展産地における技術構造」『農業経済
研究』第86巻第2号，pp.51-63.

〔63〕戸田順一郎（2004）「イノベーション・システム・アプローチとイノベーショ
ンの空間性」『経済学研究』第70巻第6号，pp.45-62.

〔64〕西井健悟（2006）『信頼型マネジメントによる農協生産部会の革新』大学教育
出版.

〔65〕原憲一郎（2002）「アントレプレナーシップの概念試論」『龍谷大学経営学論集』
第42巻第2号，pp.44-57.

〔66〕Phillips, R.（1957）"Economic Nature of the Cooperative Association." In
Martin, A. and Claud, L.eds., Agricultural Cooperation Selected Readings,
University of Minnesota Press, pp.142-153.

〔67〕藤谷築次（1998）『現代農業の経営と経済』富民協会.

〔68〕ヘンリー・ミンツバーグ, ブルース・アルストランド, ジョセフ・ランペル；齋藤嘉則監訳（2012）『戦略サファリ』東洋経済新報社.

〔69〕マイケル・ポラニー；慶伊富長訳（1986）『創造的想像力』ハーベスト社.

〔70〕Meyer, J.W., &Rowan, B.（1977）. Institutionalized Organizations：Formal Structureas Mythand Ceremony. American Journal of Sociology, Vol.83, No.2, 1977, pp.340-363

〔71〕増田佳昭（2007）「組合員の事業利用構造と協同組織性の展望—最近の農協批判との関連で（特集地域社会の変化と協同組合の組織問題　日本協同組合学会第26回大会シンポジウム）」『協同組合研究』第26巻第1号, pp.28-38.

〔72〕松原日出人（2014）「地域革新と集合的企業家活動」『組織科学』第47巻第3号, pp.52-63.

〔73〕松村祝男（1980）『みかん栽培地域：その拡大の社会的意義』古今書院.

〔74〕水野由香里（2015）『小規模組織の特性を活かすイノベーションのマネジメント』碩学舎中央経済社.

〔75〕森嶋通夫（1994）『思想としての近代経済学』岩波書店.

〔76〕両角和夫（2006）「農業・農村の現場から新たな農協の存在意義と組織・事業体制—地域社会の持続的発展と環境問題解決への期待」『農業』第1488号, pp.43-46.

〔77〕安田聡子（2007）「中小企業におけるイノベーションと連携」『商学論究』第55巻第2号, pp.81-96.

〔78〕安田聡子（2009）「イノベーション研究におけるアントレプレナーの位置」『中小企業研究センター年報』2009年度, pp.30-48.

〔79〕安田聡子（2010）「個人を分析単位とするイノベーションおよびアントレプレナー研究の台頭」『商学論究』第57巻第4号, pp.101-124.

〔80〕山本修（1974）「協同組合の企業形態的特質」桑原正信監修『農協運動の理論的基礎』家の光協会, pp.179-207.

〔81〕山本美彦（1988）『中川晋人物記：赤い鉄のごとく』三ヶ日町農業協同組合.

〔82〕横山淳人（1996）「「単なる業主」論再考」『農業経営研究』第34巻第1号, pp.42-52.

〔83〕横山淳人（2003）「東畑協同組合論における民主主義に関する一考察」『農業経済研究』第75巻第3号, pp.129-137.

〔84〕米倉誠一郎（2017）「企業の新陳代謝とクレイジー・アントルプルヌアの輩出」『一橋ビジネスレビュー』第64巻第4号, pp.68-77.

〔85〕涌田幸宏（2015）「新制度派組織論の意義と課題（渡部直樹教授退任記念号）」『三田商学研究』第58巻第2号, pp.227-237.

※本書の引用文献の中には, Amazon.co.jpの提供するサービスである「Kindle」版の電子書籍がある. 本文中でKindle版電子書籍を引用しページ数を注などに示す場合, 引用部分を一意に指定するためロケーション番号（位置No.）を用いた.

あとがき

　ミカン産地の調査に取り組んでいた頃、北海道大学の大学院生がなぜミカンの研究なのかとよく聞かれた。愛媛県出身なのかと聞かれることも多かったが、筆者は札幌市の出身であり、実家はテレビによく登場するススキノ交番から徒歩15分である。ここでは私がミカン産地を研究対象とし、本書を上梓するに至る経緯について述べておきたい。

　私は、北海道大学農学部の教授であった太田原高昭先生が、授業で「農家が力を合わせて助け合うための存在が農協である」とお話になったことに感銘を受け、大学院への進学を決めた。

　修士１年生の終わり頃、当時助教授であった坂下明彦先生と廊下で行き会った折、修論のテーマは何を考えているのかと問われた。私は「農協問題に興味があるので、農協合併のことを調べたいと思います」と答えたのだが、坂下先生からは「合併はつまらん。西日本の農協がおもしろいぞ」とのご示唆をいただいた。

　西日本の農協を薦めていただいたのは、たまたま当時、その方面の調査に赴いたばかりであったからのような気がするが、合併問題を薦めなかった理由は、悲観的な性格の私がこの問題を取りあげても、陰鬱なものにしかならないことを見抜かれたからなのかもしれない。

　西日本の農協の事例を探してみたところ、ミカン産地の専門農協が目にとまったのだが、それはすぐに私を強く惹きつける存在となった。研究室の先輩である板橋衛先生（当時広島大学、現在愛媛大学教授）に、はじめて連れて行っていただいたミカン産地で目にした「共選」という組織は、私の目には、太田原先生が授業でお話になった「農家が力を合わせて助け合うための存在」そのものに写ったからである。

　このようにしてミカン産地を事例とする研究に取り組みはじめたのだが、ここで関心のあるものにしか目を向けようとしない私の悪癖が出て、共販組織を研究することが、農協研究そのものであるという思いにとらわれるよう

になった。

　客観的にみれば、私の取り組んでいた研究は産地論または共販組織論の域を出ないものであり、周囲からもそのようにみられていた。隣の研究室の先生に、「協同組合研究室には農協の研究をする者がいない」と揶揄されても、何も言い返せずにいた。

　その後、なんとか本書のもとになる学位論文を書き上げたが、研究員として採用していただいたプロジェクトでまったく別の研究テーマを与えられたこともあり、共販組織と農協の関係を深く考えることは少なくなっていた。

　転機となったのは、太田原先生が2016年に日本農業研究所賞を受賞されたことを祝うために関係者が集まった席での、太田原先生のお話であった。太田原先生は、ここだけの話でという前置きをした上でお話しをされたが、本書の内容に深く関わることであるので、ここで紹介させていただきたい。

　太田原先生がお話になったのは、「農協論にはいくつかの系譜があるが、近藤理論を生み出した東大の農協論は購買組合論であり、地域組合論を展開してきた京大の農協論は信用組合論である。それに対して、北大の農協論は販売組合論である」というような内容であった。

　川村琢先生の農民的商品化論の影響を考えれば、太田原先生がこう発言されたのは頷けることであるが、新鮮な視点として受け止めていた出席者が多かったように思う。しかし、私の受け止め方は、まったく違うものであった。

　深く考えることの少なくなっていた自分の研究の原点を思い出し、それと正面から向き合うようにと叱られ、激励されたように感じた。販売事業とそのもとにある共販組織こそ、農協の本質を体現する存在であるという考えを体系化し、それを太田原先生にみていただきたいと思った。

　遠く昔の調査結果を再整理して今さら公表するのは、自分の怠慢を宣伝して回っているようで大変恥ずかしいが、そうすることにしたのはいくつかの理由があった。そのなかでも最大の理由が、太田原先生に読んでいただきたいということであった。しかし、それは2017年8月に太田原先生が逝去されたことで、叶わぬ願いとなってしまった。

あとがき

　私は本書において、先生の農協論を受け継ぎ、批判し、やり残したことに取り組んだつもりである。太田原先生からみて、本書が「販売組合論としての農協論」たり得ているのかを確かめるすべはもうないが、多くの皆様からご批判をいただき、新しい農協論の確立に向けて研鑽を積んでいきたいと考えている。

　本書は、多くのミカン産地の生産者や、関係する組織の職員の皆様のご助力によって書き上げることができたものであり、ここに厚く御礼を申し上げたい（以下、組織名等は全て調査時点のもの）。人数が多いため個々のお名前をあげることは出来ないが、三ヶ日町農協、西宇和農協、熊本市農協、静岡県経済連、熊本県園芸連、日園連九州事務所の職員や生産者の方々には、調査に懇切に対応していただいた。

　調査を実施したものの、私の能力不足から本書で取りあげるに至らなかったミカン産地も多い。そうした経験も、共販組織に対する見方を広げるために大いに役に立っている。そのような産地として、宇和青果農協、東宇和農協、ながさき西海農協ほか多数ある。感謝の意を記させていただくとともに、十分な研究成果をお返しできなかったことにお詫びを申し上げたい。

　このように多くの方のご協力とご指導により本書を執筆することが出来たが、以下の３名の方にはとくにお名前をあげて謝意を表させていただきたい。

　まず、三ヶ日町のミカン農家である藤山政旦氏である。氏は、筆者が大学院生の頃、三ヶ日町の青年組織の委員長を務められていた。この青年組織の研修旅行として札幌に来られた折に、北海道大学を訪問先に加えたいとの連絡をいただき、私が簡単な勉強会・交流会を企画したのが、最初の出会いであった。

　三ヶ日町に調査に赴く際は、藤山氏に関係機関への仲介の労をとっていただき、訪問後も物心両面で温かいご支援をいただいたことで、見知らぬ土地での調査をなんとか実施することが出来た。

　序章で述べたように、私はミカン農業論として本書を書いたわけではないが、卓抜した共販組織を生み出してきたミカン農業への思い入れは持ってい

る。ミカン産地で調査することが少なくなっても、藤山氏が毎年送ってくださるミカンを食べるたびに、その思いを新たにしてきた。

次に、学位論文の主査を務めていただいた坂下明彦先生に感謝を申し上げたい。先生には、先述のようにミカンの共販組織の研究に取り組む契機を与えていただいただけでなく、学位論文を完成させる際にも、大変大きな指導をいただいた。

学位論文を完成しなければならない年限が迫っていたとき、研究室の大学院ゼミで私が報告した内容は、論文構想というよりは、その時一番関心を持っていた問題について述べたものであった。無計画な性格と、なるようになるという開き直りと、論文の方向性が決まった後に必要となる作業量に関する想像力の欠如などが相まって、そうなったと記憶しているが、坂下先生からのコメントは「学位論文の枠組みが固まってきたな」というものであった。私は思わず「これでいいのですか?」と聞き返してしまったが、ともかくその時、本書の原型となるアイディアが定まった。

その後の大学院ゼミでは、私の要領を得ない説明のためにしばしば議論が止まったが、その度に坂下先生から、私の問題意識を理解していなければ発し得ない質問を頂き、それによって議論が進むということが繰り返された。私は自分の至らなさを痛感する一方で、方向性は間違っていないと勇気づけられたものであった。

3人目として、現在の勤務先である秋田県立大学に奉職してからの上司である津田渉先生のお名前をあげておきたい。津田先生には、時間のかかってしまった本書の執筆を辛抱強く見守っていただき、温かい励ましをいただいた。本書の内容についても相談に乗っていただき、日常的に議論が出来る存在として、大変有難く感じている。

最後に、本書の出版を引き受けてくださいました筑波書房の鶴見治彦社長に心よりお礼申し上げます。

2019年8月

林　芙俊

著者紹介

林 芙俊（はやし ふとし）

秋田県立大学生物資源科学部助教

1977年北海道生まれ。2000年北海道大学農学部卒業。2008年北海道大学大学院農学研究科博士課程後期課程修了後、帯広畜産大学研究員を経て2013年より現職。博士（農学）。専門は、農産物流通論、農業協同組合論。

主要著書・論文
『転換期の水田農業』（共著）農林統計協会、2017年
「酒造好適米流通における直接取引の増加要因」農業市場研究第26巻3号、2017年

共販組織とボトムアップ型産地技術マネジメント

2019年10月31日　第1版第1刷発行

　　　　　著　者　林 芙俊
　　　　　発行者　鶴見 治彦
　　　　　発行所　筑波書房
　　　　　　　　　東京都新宿区神楽坂2－19 銀鈴会館
　　　　　　　　　〒162－0825
　　　　　　　　　電話03（3267）8599
　　　　　　　　　郵便振替00150－3－39715
　　　　　　　　　http：//www.tsukuba-shobo.co.jp

定価はカバーに示してあります

印刷／製本　中央精版印刷
©Futoshi Hayashi 2019 Printed in Japan
ISBN978-4-8119-0562-4 C3061